George G. Szpiro
Mathematik fürs Wochenende

W0236243

Zu diesem Buch

Wussten Sie, dass Fluggesellschaften mehr Gewinn erzielen, wenn die Passagiere in einer bestimmten Reihenfolge in die Kabine geschleust werden? Oder dass man mit geschlossenen Augen hören kann, welche Buchstaben auf einer Computertastatur getippt werden? Oder wie viele Möglichkeiten es gibt, den berühmten Zauberwürfel zu drehen? Und was hat das alles mit Mathematik zu tun? George G. Szpiro erzählt 50 neue Kurzgeschichten aus der Zahlenwissenschaft. Und das Beste an ihnen: Sie sind alle leicht lesbar und vergnüglich. 50 Aha-Erlebnisse garantiert.

George G. Szpiro, geboren 1950 in Wien, ist Israel-Korrespondent für die Neue Zürcher Zeitung und berichtet außerdem über Mathematik und andere wissenschaftliche Themen. Seine Kolumne »George Szpiros kleines Einmaleins« in der NZZ am Sonntag, die bei Piper in drei Büchern gesammelt vorliegt, wurde von der Schweizerischen Akademie der Naturwissenschaften mit dem Prix Média ausgezeichnet. 2006 erhielt Szpiro den Medienpreis der Deutschen Mathematiker-Vereinigung. Er lebt mit seiner Familie in Jerusalem. Zuletzt erschien von ihm »Mathematik fürs Wochenende«.

George G. Szpiro

Mathematik fürs Wochenende

50 Geschichten aus Mathematik und Wissenschaft

Piper München Zürich

Mehr über unsere Autoren und Bücher:
www.piper.de

Von George G. Szpiro liegen bei Piper vor:
Mathematik für Sonntagmorgen
Mathematik für Sonntagnachmittag
Das Poincaré-Abenteuer
Mathematik fürs Wochenende

Mix
Produktgruppe aus vorbildlich bewirtschafteten
Wäldern und anderen kontrollierten Herkünften
www.fsc.org Zert.-Nr. GFA-COC-001223
© 1996 Forest Stewardship Council

Ungekürzte Taschenbuchausgabe
Piper Verlag GmbH, München
März 2010
© 2008 Verlag Neue Zürcher Zeitung, Zürich,
unter dem Titel: »Mathematischer Cocktail. Zauberwürfel, die Liebe zu den
Warteschlangen und weitere Geschichten«
Umschlaggestaltung: semper smile, München
Umschlagabbildung: Quint Buchholz
Autorenfoto: Christopher Knight
Satz: Fuldaer Verlagsanstalt, Fulda
Papier: Munken Print von Arctic Paper Munkedals AB, Schweden
Druck und Bindung: CPI – Clausen & Bosse, Leck
Printed in Germany   ISBN 978-3-492-25427-4

Inhaltsverzeichnis

Im August 2006 sandte mich die Redaktion der *Neuen Zürcher Zeitung* und der *NZZ am Sonntag* als Berichterstatter zur Internationalen Konferenz der Mathematiker nach Madrid. Mehrere Kapitel dieses Buches berichten von diesem Grossanlass, der bloss alle vier Jahre stattfindet.

Ich danke der Rockefeller Foundation für die Gewährung eines Aufenthaltes am Studienzentrum in Bellagio, wo ich bei wunderschöner Aussicht und ebensolchem Wetter dieses Manuskript – mit Mühe – fertigstellen konnte.

«Wahrheit, die ganze Wahrheit, nichts als die Wahrheit» war der Titel meines Vortrages in Berlin anlässlich der Verleihung des Medienpreises 2006 und erschien im Frühjahr 2007 in den *Mitteilungen der Deutschen Mathematiker-Vereinigung*.

«Bellas geheimes Seminar» erschien im November 2007 in Englisch in den *Notices of the American Mathematical Society* und auf Deutsch in der *ZEIT* vom 27. September 2007.

Vorwort

Wahrheit, die ganze Wahrheit,
nichts als die Wahrheit

Soll sich ein Journalist, der über Mathematik schreibt, von dem Grundsatz «Wahrheit, die ganze Wahrheit, nichts als die Wahrheit» leiten lassen? Eine Tages- oder Wochenzeitung stellt andere Anforderungen als ein Aufsatz für eine mathematische Fachzeitschrift:

Der Fachmann will Fachkollegen ansprechen – manchmal bloss wenige Dutzend Experten –, die verpflichtet sind, die Literatur zu kennen. Der Journalist will so viele Leser wie möglich ansprechen, auch Leute, die sich eigentlich nicht für Mathematik interessieren.

Der Fachmann erwartet, dass sich der Leser durcharbeitet, auch wenn es Mühe bereitet. Der Journalist muss es den Lesern leicht machen.

Der Fachmann will auf streng rigorose Weise bewiesene Resultate mitteilen. Der Journalist will informieren, aber auch amüsieren.

Ein Fachartikel wird auch in vielen Jahren oder Jahrzehnten noch zitiert werden, und ein Fehler kann auch viel später bemerkt werden. Zeitungsartikel und etwaige Fehler sind nach einem Tag meist vergessen. In der Fachzeitschrift hat man so viel Platz wie benötigt. In der Zeitung gibt es nur beschränkten Platz.

Auf diesem beschränkten Platz sollte ein Zeitungsartikel über Mathematik Folgendes enthalten: einen guten Titel, eine Erklärung des Problems, die Geschichte des Problems, den Hintergrund des Mathematikers, der es bekannt machte, erfolglose Beweisansätze, die Persönlichkeit des Mathematikers, der den Beweis lieferte, das Vorgehen beim erfolgreichen Beweis – oder zumindest die Beweisidee –, Implikationen des Theorems sowie Anwendungen. Und das alles muss mit 300, 500 oder im allerbesten Fall mit 1000 Worten geschehen. Also die Frage: Soll sich – kann sich – der Journalist unter diesen Umständen von der Maxime «Wahrheit, die ganze Wahrheit, nichts als die Wahrheit» leiten lassen?

Um es schon vorwegzunehmen: Als Mathematikjournalist kann man diesen Forderungen nicht restlos – und oft nicht einmal annähernd – gerecht werden. Ich selber habe mich in meinen Zeitungsartikeln über Mathematik in gewissem Masse der Übertretung aller drei Teile des Leitspruches schuldig gemacht. Also, wie soll sich ein Mathematikjournalist seiner Aufgabe stellen?

«Wahrheit» bedeutet, keine Unwahrheiten zu schreiben.

Mathematik ist abstrakt (nicht wie Biologie, Medizin oder Physik). Um einem Nichfachmann einen abstrakten Zusammenhang zu erklären, behilft man sich oft mit Analogien, mit anschaulichen Beispielen, auch wenn sie ein wenig danebenliegen. Zum Beispiel kann Graphentheorie mit Spinnennetzen veranschaulicht werden.

«Die ganze Wahrheit» bedeutet,
keine Halbwahrheiten zu verbreiten.

Mathematik muss rigoros sein, alle Spezialfälle müssen durchgearbeitet werden. Jede kleine Lücke muss geschlossen werden. In der Zeitung hingegen muss ein Theorem oft auf ein Beispiel reduziert werden, oder es kann bloss ein einziger Spezialfall erklärt werden. Manchmal kann man ein Theorem auch bloss durch seine Folgen fürs tägliche Leben, durch seine Anwendungen erläutern.

Der Journalist kann höchstens eine Idee davon geben, wie der Mathematiker vorgegangen ist, wie ein Beweis aussehen muss, damit er gültig ist. Dass dabei viel von Mathematikern zu Recht verpöntem «Handwaving» verwendet werden muss, ist leider unumgänglich.

Und so beschränkt sich der Journalist bei der poincaréschen Vermutung zum Beispiel auf eine Erklärung des zweidimensionalen Falles, obwohl die berühmte Vermutung ja den dreidimensionalen Fall betrifft. Zur Erklärung der Radon-Transformation wird am besten auf deren Verwendung in der medizinischen Bildgebung verwiesen. Und dass Differenzialgleichungen auch auf numerischem Weg gelöst werden können, das müssen wohl Mathematikstudenten wissen, aber Allgemeinleser muss man damit nicht aufhalten.

«Nichts als die Wahrheit» bedeutet, keine Wahrheiten vermischt mit Irrelevantem, Irreführendem wiederzugeben.

Der Journalist muss Mathematik veranschaulichen und auch denjenigen Lesern näher bringen, die sich nicht unbedingt für Mathematik interessieren. Dazu muss der Artikel interessant sein und nicht nur die trockene Mathematik enthalten. Leser interessieren sich auch für das Menschliche, und diesem Verlangen muss der Journalist entgegenkommen. Hintergrund und die Persönlichkeiten, die hinter den Theoremen stehen, finden das Interesse der Leser, obwohl sie nichts mit der eigentlichen Mathematik zu tun haben. (Die faszinierende Persönlichkeit eines Mannes wie Grigori Perelman ist in dieser Hinsicht bloss das jüngste Beispiel.)

Und dass für die Beweise der sogenannten Millenniumprobleme Preise von je einer Million Dollar ausgesetzt sind, hat mit Mathematik gar nichts zu tun. Trotzdem dürfen Journalisten diese Information nicht auslassen, wenn sie einen Zeitungsartikel über diese Probleme schreiben.

Übrigens bedeutet dies alles, dass gelegentlich auch Skandale oder Hinweise auf fehlerhafte Beweise – mit der zugehörigen Schadenfreude – ihren Weg in die Zeitung finden.

Zur Zusammenfassung: Journalisten produzieren keine neuen mathematischen Erkenntnisse. Mathematikern bieten sie höchstens die Dienstleistung, Experten in einem Spezialgebiet die Augen für ein anderes Spezialgebiet zu öffnen. Journalisten schreiben vor allem für die Allgemeinleser. Diese müssen herangezogen, informiert und auch amüsiert werden. Dabei kann man nicht immer die Wahrheit, nicht immer die ganze Wahrheit, dafür manchmal aber auch etwas mehr als die Wahrheit schreiben.

Gelöstes und Ungelöstes

Im besten Fall bleibt die Dame unentschieden

Das Brettspiel Dame sorgt seit Jahrhunderten für Kurzweil. Im 16. Jahrhundert wurde es in Spanien gespielt, möglicherweise war es aber schon den alten Ägyptern bekannt. Nun könnte es mit dem Spass jedoch vorbei sein. Kanadische Computerwissenschafter haben gezeigt, dass Checkers, die amerikanische Version des Spiels, im Unentschieden enden muss, wenn zwei perfekt spielende Gegner gegeneinander antreten. Wie die Forscher in der Fachzeitschrift *Science* berichteten, ist ihnen nach 18-jähriger Arbeit die restlose Analyse des Spiels gelungen.

Dame, das mit 24 Steinen auf einem Schachbrett gespielt wird, ist ein Strategiespiel, bei dem Glück überhaupt keine Rolle spielt. Das Spiel kann daher als Prüfstein dafür dienen, ob das menschliche Gehirn mit seiner Fähigkeit, Sachverhalte intuitiv zu erfassen und Zusammenhänge zu kombinieren, den Computern überlegen ist, die mit Brachialgewalt – das heisst mit purer Rechenleistung – in den Unmengen von Spielmöglichkeiten nach Gewinnstrategien suchen.

Der Computerwissenschafter Jonathan Schaeffer von der kanadischen Universität Alberta setzte auf Letztere und begann 1989 mit der Entwicklung eines

Computerprogramms namens Chinook. Es benützt Suchstrategien, um den jeweils geeigneten Zug zu finden. 1992 verlor das Programm noch knapp gegen den damaligen Checkers-Weltmeister, den Mathematikprofessor Marion Tinsley, der in seinem ganzen Leben bloss sieben Partien verloren hatte. Zwei Jahre später musste Tinsley nach sechs unentschiedenen Partien wegen gesundheitlicher Probleme aufgeben. Seitdem ist die Frage, ob ein Computer dem Menschen beim Damespiel überlegen sei, in der Schwebe.

Schaeffer entwickelte unterdessen sein Programm weiter. Eine vollständige Erforschung aller Checkers-Stellungen ist jedoch schlicht nicht machbar, denn möglich sind nicht weniger als 500 Trillionen (5×10^{20}) Stellungen.

So musste also doch der Mensch, sprich Schaeffer und sein Team, kluge Algorithmen entwickeln. Dazu erstellte das Forscherteam zunächst eine Datenbasis, in der es alle möglichen Endspiele mit zehn Steinen oder weniger analysierte. Dies reduzierte die Anzahl der Stellungen auf «bloss» 39 Billionen Endspiele, die klassifiziert wurden, je nachdem, ob sie zu Siegen für Schwarz, für Weiss oder zu Unentschieden führten. In siebenjähriger Arbeit, zwischen 1989 und 1996, konnten die Wissenschafter die Endspiele mit bis zu acht Steinen klassifizieren. Dann mussten sie die Arbeit einstellen, bis schnellere Computer auf den Markt kamen, die auch die Spielstellungen mit neun und zehn Steinen analysieren konnten. Zeitweilig standen bis zu 200 Tischcomputer gleichzeitig im Einsatz.

In der folgenden Phase untersuchten die Forscher die Eröffnungsstellungen nach drei Zügen. Sie liessen Computer mit einem weiteren, speziell entwickelten Algorithmus Züge suchen, die den beiden Gegnern jeweils die beste Aussicht auf einen Sieg boten.

Und siehe da, die Forscher stellten fest, dass die Gegner bei fehlerloser Spielweise immer und unweigerlich auf eines der Endspiele zusteuern, die im Unentschieden enden. Damit war die Frage beantwortet: Der Computer ist dem Menschen beim Damespiel überlegen, weil er keine Fehler macht und daher immer mindestens ein Unentschieden erreicht.

Dame ist das komplexeste Spiel, das bisher mithilfe von Computern analysiert wurde. Wird Schach das nächste Spiel sein, das dem Computer unterliegt? Experten verneinen dies für absehbare Zeit, denn das königliche Spiel lässt ungefähr 10^{40} Stellungen zu. Deshalb hat sich Schaeffer mittlerweile dem Pokerspiel zugewandt.

Poker stellt ganz besondere Anforderungen, weil den Gegnern im Unterschied zu Dame und Schach nicht die gesamte Information zur Verfügung steht, vom Bluffen ganz zu schweigen. In einem Match zwischen Schaeffers Pokerprogramm Polaris und zweien der besten Berufsspieler der Welt gewannen die beiden Profis zwar in allen vier Runden – jedoch nur ganz knapp.

Das höchste Porto, das auf einen Brief passt

Der Brief ist geschrieben, aber leider hat die Post schon geschlossen. Glücklicherweise hat man einen Vorrat von Briefmarken zur Hand, aus denen man nun die Frankatur zusammenstellen muss – ein Briefmarkenproblem, das wahrscheinlich jeder kennt. Ganz anders die Gedanken, die sich Mathematiker zum Frankieren machen. Eine berühmte Aufgabe lautet: Was für Porti kann man auf einen Brief kleben? Die Antwort hängt natürlich von der Grösse des Umschlags ab, aber auch von den Nennwerten der zur Verfügung stehenden Briefmarken. Bei Nennwerten von (zugegeben unüblichen) 1, 4, 7 und 8 Rappen können zum Beispiel auf einem Umschlag, der Platz für drei Marken hat, alle Porti bis 24 Rappen geklebt werden.

Die Geschichte des Briefmarkenproblems begann im Jahr 1937. Damals hatte es der Zahlentheoretiker Hans Rohrbach in einem Fachaufsatz zum ersten Mal beschrieben. Seitdem entwickelte sich eine reiche Fachliteratur, und auch heute noch erscheinen Beiträge, die das Problem von der einen oder andern Seite beleuchten. Die Suche nach der Zusammenstellung eines Portos mit möglichst wenig Briefmarken für verschiedene Kombinationen von Nennwerten ist nämlich gar nicht einfach. Sie ist sogar sehr schwer, wie der Wissenschafter Jeffrey O. Shallit von der University of Waterloo in Kanada vor fünf Jahren bewies. Shallit zeigte, dass Computer zur Berechnung der optimalen Kombination von Briefmarken Laufzeiten benötigen, die mit zunehmendem Porto fast endlos dauern.

Der indische Mathematiker Amitabha Tripathi untersuchte im *Journal of Integer Sequences* jenen Spezialfall des Briefmarkenproblems, bei dem sich die Nennwerte der Briefmarken immer um einen konstanten Betrag erhöhen. Bei einer Schrittweite von 7 Rappen beispielsweise ergeben sich Marken mit 1, 8, 15, 22 Rappen usw. Tripathi entwickelte eine Formel, mit der sich die Zahlen berechnen lassen, bis zu denen ausnahmslos alle Porti bezahlt werden können. Zum Beispiel können mit zehn Marken der obigen vier Nennwerte bis 94 Rappen alle Porti auf dem Umschlag angebracht werden.

Ist die Anzahl der aufzuklebenden Briefmarken unbeschränkt, so spricht man meist vom Münzenproblem. Es geht auf den deutschen Mathematiker Ferdinand Fröbenius (1849–1917) zurück. Welche Preise können mit Münzen gewisser Nennwerte bezahlt werden? Hier ist es, im Gegensatz zum Briefmarkenproblem, die Untergrenze der möglichen Preise, die interessiert. Der englische Zahlentheoretiker James Joseph Sylvester (1814–1897) hatte das Problem 1884 in einer Zuschrift an die *Educational Times* gelöst. Mit zwei Münzen A und B, die ausser 1 keinen gemeinsamen Teiler besitzen, können alle Preise bezahlt werden, die grösser sind als $A \times B - A - B$. Zum Beispiel können mit Fünflibern und 2-Franken-Münzen alle Frankenpreise ab 4 Franken beglichen werden. Mit Fünflibern und 13-Franken-Münzen könnten hingegen bloss alle Preise ab 48 Franken bezahlt werden (sieben Fünfliber und eine 13-Franken-Münze). Für drei Münzen gibt es ein Computerprogramm, das die Untergrenze der möglichen Preise findet. Aber für vier und mehr Münzen ist die Antwort unbekannt. Es gibt bloss Schätzungen.

Verwandt mit dem Briefmarkenproblem und dem Münzenproblem sind die effizienteste Kombination von Münzen beim Herausgeben von Wechselgeld sowie die beste Stückelung der Währung. In den USA sind Penny (1 Cent), Nickel (5 Cent), Dime (10 Cent), Quarter (25 Cent) und der selten benutzte Halfdollar (50 Cent) in Umlauf. Unter der Annahme, dass alle Preise gleich wahrscheinlich sind, benötigen Ladenbesitzer für Bargeldtransaktionen durchschnittlich 4,7 Geldmünzen zum Herausgeben. Jeffrey Shallit berechnete, dass die benötigte Anzahl von Wechselgeldmünzen um 17 Prozent sinken würde, falls anstelle des Dime eine 18-Cent-Münze geprägt würde. In Europa würde die Hinzufügung einer 1,33-Euro-Münze die Anzahl der heute durchschnittlich benötigten 4,6 Münzen auf 3,9 reduzieren. Wie gesagt, dies gilt nur, wenn jeder Preis gleich häufig vorkäme. Die Rechnerei an der Kasse stellen wir uns lieber nicht vor.

Struktur einer komplizierten Gruppe berechnet

Einem Team von 18 Mathematikern ist es im März 2007 gelungen, eine der komplexesten Strukturen der Mathematik zu berechnen. Es handelt sich um die sogenannte Lie-Gruppe E8, die nicht nur in der Mathematik von Bedeutung ist. Auch bei den Versuchen von theoretischen Physikern, eine einheitliche Beschreibung der vier Naturkräfte zu finden, spielt diese Gruppe eine wichtige Rolle. Für die Berechnung hatten die Wissenschafter nicht nur schwierige Probleme der theoretischen Mathematik zu lösen. Es mussten auch geeignete Algorithmen entwickelt werden, um die Berechnung mit einem Computer ausführen zu können. Die eigentliche Berechnung dauerte 77 Stunden und fand Anfang Januar 2007 auf einem Supercomputer der University of Washington statt. Im folgenden Sommer stellte ein Teammitglied, David Vogan vom Massachusetts Institute of Technology in Boston, das Resultat der Öffentlichkeit vor.

Lie-Gruppen sind eng mit dem Begriff der Symmetrie verbunden, einem grundlegenden Konzept der Mathematik und der Physik. Ein Sechseck kann zum Beispiel um 60 Grad oder um ein Mehrfaches dieses Winkels gedreht werden, ohne dass sich sein Erscheinungsbild verändert. Da Drehungen addiert und rückgängig gemacht werden können, bilden sie die Elemente einer sogenannten Gruppe. Beim Sechseck sind symmetrische Drehungen bloss in diskreten Schritten von je 60 Grad möglich. Hingegen kann zum Beispiel ein Kreis um jeden auch noch so kleinen Winkel gedreht werden, ohne sein Aussehen zu verändern. Die zugehörigen Drehungen sind somit stetig und differenzierbar. Sie bilden eine nach dem norwegischen Mathematiker Sophus Lie (1842–1899) benannte Lie-Gruppe.

Die Theorie der Lie-Gruppen verbindet Algebra und Geometrie. Es gibt vier Familien von Lie-Gruppen und fünf Ausnahmegruppen, die Drehungen und Transformationen in höherdimensionalen Räumen beschreiben. Die komplexeste der ohnehin schon komplizierten Ausnahmegruppen ist die Lie-Gruppe E8. Sie beschreibt die Symmetrien eines 57-dimensionalen Körpers, der auf 248 verschiedene Arten gedreht werden kann, ohne sein Aussehen zu verändern. Die Elemente der Gruppe E8 sind Drehungen, die durch quadratische Matrizen dargestellt werden können. Dabei handelt es sich allerdings nicht um 2×2-Matrizen wie bei Drehungen in der Ebene, sondern um Matrizen mit 248×248 Zellen.

Die Information über die genaue, detaillierte Struktur der Gruppe E8 ist in codierter Form ihrerseits in einer riesigen Matrix mit über 205 Milliarden Zellen enthalten. In jeder dieser Zellen befindet sich eine Konstante oder ein Polynom bis zum 31. Grad. Diese Mammutstruktur war es, die das Team errechnen wollte. Der (vor Kurzem verstorbene) Holländer Fokko du Cloux setzte die mathematische Theorie in einen Algorithmus um, der sie Computern zugänglich machte. Aber noch vor wenigen Jahren wäre die Aufgabe unmöglich gewesen, da die zur Verfügung stehenden Computer zu leistungsschwach waren. Und auch jetzt konnte ein Supercomputer sie bloss ausführen, nachdem die nötigen Berechnungen in kleinere Teile aufgespaltet worden waren. Zur Speicherung des Resultats wurden 60 Gigabyte benötigt. Zum Vergleich: Die im menschlichen Erbgut enthaltene Information benötigt weniger als ein Gigabyte Speicherplatz.

Am Zauberwürfel drehen und drehen

Der Würfel, den der ungarische Architekturprofessor Ernö Rubik in den späten 1970er-Jahren patentieren liess und von dem seither über 300 Millionen Exemplare verkauft wurden, bietet auch heute noch Stoff für höhere Mathematik. Der Kubus setzt sich aus 26 farbigen Würfelchen zusammen, die auf drei Ebenen verteilt sind. Jede Ebene des Würfels kann um 90 Grad oder um 180 Grad verdreht werden. Durch wiederholte Drehungen beliebiger Würfelebenen um 90 und 180 Grad sind insgesamt 43 Trillionen Stellungen des Würfels möglich. Eine Drehung um 270 Grad muss man mathematisch nicht betrachten, weil sie einer 90-Grad-Drehung in die entgegengesetzte Richtung entspricht. Die Aufgabe eines Spielers ist es, den Kubus aus jeder Stellung wieder in die Ausgangslage zurückzubringen, in der die Flächen auf den sechs Seiten des Kubus die gleiche Farbe aufweisen.

Während auch geübte Spieler meist froh sind, wenn es ihnen überhaupt gelingt, das Problem zu lösen, bemühen sich Könner, die Leistung mit möglichst wenigen Drehungen zu vollbringen. Zurzeit ist allerdings nicht bekannt, wie viele Drehungen im ungünstigsten Fall überhaupt vonnöten sind. 1982 konnte gezeigt werden, dass es Stellungen gibt, die mindestens 17 Drehungen benötigen.

Andererseits bewies der Londoner Mathematiker Morwen Thistlethwaite, dass jede mögliche Konfiguration mit höchstens 52 Drehungen in die Ausgangslage zurückgebracht werden kann.

Dass der wahre Wert der minimal benötigten Drehungen also zwischen 17 und 52 liegen muss, liess Wissenschafter nicht ruhen. In den folgenden Jahren wurden die Werte nach und nach verbessert: Die Untergrenze der benötigten Rotationen wurde auf 20 hochgeschraubt, und die beste bekannte Obergrenze war bis vor Kurzem 27. Aber auch diese engere Spannbreite stellt Mathematiker noch nicht zufrieden. Erst wenn die Ober- und die Untergrenze übereinstimmen, wird man genau wissen, wie viele Drehungen die komplizierteste Rubik-Stellung mindestens benötigt.

Ende Mai 2007 haben die Computerwissenschafter Gene Cooperman und Daniel Kunkle von der Northeastern University in Boston einen Fortschritt erzielt, indem sie eine neue obere Schranke fanden. Die beiden Wissenschafter bewiesen, dass der Würfel immer mit höchstens 26 Drehungen in die Ausgangslage zurückgebracht werden kann. Ihre Arbeit stellt eine Parforceleistung dar, bei der Kombinatorik, Algebra und Computerwissenschaft – sowohl Software als auch Hardware – eingesetzt wurden.

Bei ihrem Beweis untersuchten die Forscher zunächst nur den Teil der Würfelkonfigurationen, die durch beliebige Drehungen von Würfelebenen um 180 Grad zugänglich sind. In dieser Untergruppe gibt es «nur» 663 552 Konfigurationen. Wegen der Symmetrie des Würfels kann man diese Zahl sogar auf 15 752 reduzieren. Die Berechnungen der Wissenschafter zeigen, dass der Würfel aus jeder beliebigen dieser Konfigurationen durch maximal 13 Drehungen in die Ausgangslage gebracht werden kann.

Nun analysierten die Forscher alle Würfelstellungen, zu denen man durch Vierteldrehungen (90 Grad) gelangen kann, wenn man bei einer der durch Halbdrehungen um 180 Grad erzeugten Stellungen beginnt. Für jede der 663 552 Konfigurationen sind auf diese Weise 65 Billionen neue Konfigurationen zugänglich. (65 Billionen multipliziert mit 663 552 ergibt gerade die Gesamtzahl von 43 Trillionen.) Aufwendige Computerberechnungen zeigten, dass alle durch Vierteldrehungen erzeugten Stellungen durch maximal 16 Operationen in die Ausgangslage zurückgedreht werden können.

Es resultieren also 13 + 16 = 29 Operationen, um von jeder beliebigen Würfelkonfiguration in den Ausgangszustand zurückzukehren. 29 Schritte sind aber zwei mehr als die bereits zuvor bekannte Obergrenze von 27. Allerdings ermittelten die Computer nur 14 352 Stellungen des Würfels, die maximal 27, 28 oder 29 Operationen benötigten. Weil die Zahl 14 352 für die Rechenleistung der Computer kein grosses Hindernis darstellte, konnten die betreffenden Stellungen einzeln gelöst werden.

Das Ergebnis: In jedem Fall liess sich eine Lösung finden, die mit 26 oder sogar weniger Schritten zum Erfolg führte. Die beiden Wissenschafter hoffen nun, dass es ihnen demnächst gelingen wird, die Obergrenze auf 25 Schritte zu reduzieren.

Zahlentheoretiker lösen jahrzehntealtes Rätsel

Der geniale indische Mathematiker Srinivasan Ramanujan (1887–1920), der bloss ein Jahr Mathematik studierte und sich alles Weitere autodidaktisch beibrachte, produzierte in seinem kurzen Leben bahnbrechende Ergebnisse, die seither Generationen von Mathematikern in Atem halten. Die sogenannten «Mock-Theta-Funktionen» (etwa «gefälschte» oder Pseudo-Theta-Funktionen), über die er von seinem Totenbett aus schrieb, werden von Experten zu seinen tiefgründigsten Arbeiten gezählt. Erst vor Kurzem gelang es zwei Mathematikern, das Geheimnis um die rätselhaften Funktionen zu entschlüsseln.

Zwei Monate vor seinem Tod (vermutlich durch Tuberkulose) im Alter von 32 Jahren hatte Ramanujan einen letzten Brief an seinen Freund und Mentor in Cambridge, Godfrey Harold Hardy, geschrieben. «Ich habe vor Kurzem sehr interessante Funktionen gefunden, die ich ‹Mock-Theta-Funktionen› nenne. Sie treten in der Mathematik ebenso wunderschön auf wie die gewöhnlichen Theta-Funktionen», berichtete er und bezog sich dabei auf die von Carl Gustav Jacobi Anfang des 19. Jahrhunderts eingeführten Theta-Funktionen, mit denen die neu entdeckten Funktionen eine gewisse formale Ähnlichkeit hatten.

Ramanujan führte 17 Beispiele dieser mysteriösen Potenzreihen an. Er gab aber weder eine Definition noch Konstruktionsmethoden an, und er erklärte auch nicht, warum er diese Funktionen für so bedeutend hielt. Möglicherweise hatte er Hardy gegenüber präzisere Angaben gemacht, doch sind die ersten Seiten des Briefes verschollen. Da Ramanujan aber ein unfehlbares Gespür für tiefe mathematische Zusammenhänge hatte, waren viele Mathematiker davon überzeugt, dass hinter den Funktionen eine wichtige Theorie stecken müsse.

Nach seinem Tod übergab Ramanujans Witwe die Notizbücher, in die der Mathematiker alle seine 3542 Theoreme fein säuberlich eingetragen hatte, der Universität von Madras. Diese leitete sie nach Cambridge weiter, wo Mathematiker sie mit Akribie durchforsteten. 1976 kam es zu einer bedeutungsvollen Entdeckung. In der Bibliothek des Trinity College in Cambridge fand der Amerikaner George Andrews ein 138-seitiges Bündel von Notizen in Ramanujans Handschrift, das noch von niemandem gesichtet worden war. Der Fund ging als «Ramanujans verlorenes Notizbuch» in die Geschichte ein. In diesem verlorenen Notizbuch fanden Forscher zwei weitere Mock-Theta-Funktionen. (In den 1930er-Jahren entdeckte ein englischer Mathematiker unabhängig drei weitere Beispiele.)

Obwohl sich die geheimnisvollen Potenzreihen in den folgenden Jahrzehnten in Zahlentheorie, Wahrscheinlichkeitsrechnung, Kombinatorik, mathematischer Physik, Chemie und sogar in der Krebsforschung als nützlich erwiesen, wurden zu ihrem eigentlichen Verständnis nur wenige Fortschritte gemacht. Mathematiker bewiesen Theoreme über den Gebrauch von Mock-Theta-Funktionen, ohne über die mysteriösen Objekte selber viel zu wissen. Aber die vielen Anwendungen innerhalb und ausserhalb der reinen Mathematik liessen klar werden, dass die Funktionen Teil einer wichtigen, umfassenderen Theorie sein müssen, die bloss darauf wartete, entdeckt zu werden.

Der erste Durchbruch kam im Jahre 2002, als der Holländer Sander Zwegers bewies, dass Mock-Theta-Funktionen Teile sogenannter real-analytischer Modulformen sind, die zum Beispiel in der Zahlentheorie (wie beim Beweis des fermatschen Theorems), der algebraischen Topologie, der Funktionentheorie oder der Stringtheorie eine wichtige Rolle spielen. Die grundlegende Frage, wie sich diese Funktionen aus einer übergeordneten Theorie herleiten liessen, war damit aber immer noch nicht beantwortet.

Dies ist den Mathematikern Kathrin Bringmann und Ken Ono von der University of Wisconsin in Madison gelungen. In einer Serie von Arbeiten bewiesen sie, dass Mock-Theta-Funktionen zu einer neuen Theorie gehören, die einen Zusammenhang zwischen klassischen Modulformen und sogenannten harmonischen Maass-Formen – einer modernen Verallgemeinerung der Modulformen – herstellt. Damit ist Ramanujans Rätsel gelöst. Aus der Theorie folgt unter anderem, dass es unendlich viele Mock-Theta-Funktionen gibt. Die Bedeutung der Arbeiten wird auch dadurch ersichtlich, dass Bringmann und Ono mithilfe der neuen Theorie einige bisher ungelöste Vermutungen der Zahlentheorie beweisen konnten.

Mathematischer Beweis einer intuitiven Idee

Im Januar 2006 erschien in der renommierten Fachzeitschrift *Annals of Mathematics* eine Arbeit des
französischen Mathematikers Michel Talagrand, in der
ein physikalisches Rätsel gelöst wurde, das Wissenschafter seit den 1980er-Jahren in Atem hielt. Der sowohl
am Centre National de la Recherche Scientifique
(CNRS) in Paris als auch an der Ohio State University
wirkende Mathematiker bewies in der Arbeit, dass die
Ende der 1970er Jahre gemachten Vorhersagen des ita-
lienischen Physikers Giorgio Parisi über ungeordnete
magnetische Systeme richtig sind. Damit setzte Talagrand
das ad hoc entwickelte Verfahren des Italieners, das vielen Kollegen wie Magie erschienen war, auf eine mathematisch korrekte Grundlage.

In der zweiten Hälfte des 19. Jahrhunderts untersuchte Pierre Curie in seiner Doktorarbeit die magnetischen Eigenschaften von Festkörpern. Dabei stellte er
fest, dass ferromagnetische Substanzen wie Eisen ihre
Magnetisierung verlieren, wenn man sie über eine kritische Temperatur erhitzt. 1925 postulierten George
Uhlenbeck und Samuel Goudsmit, dass alle Elektronen
einen Eigendrehimpuls, einen sogenannten Spin, besitzen. Das hat zur Folge, dass sich Elektronen wie kleine

Permanentmagnete verhalten und wesentlich zum magnetischen Verhalten eines Körpers beitragen. In einem Ferromagneten richten sich die Spins der Elektronen bei tiefen Temperaturen parallel aus. Ihre mikroskopisch kleinen magnetischen Momente addieren sich dann zu einer makroskopischen Magnetisierung. Mit steigender Temperatur geht diese magnetische Ordnung jedoch verloren. Oberhalb der kritischen Temperatur verschwindet deshalb die Magnetisierung.

Während des grössten Teils des 20. Jahrhunderts widmeten sich Festkörperphysiker vor allem der Untersuchung geordneter Systeme wie Kristalle, Ferromagnete und Supraleiter. Erst in den frühen 1970er-Jahren begannen sie sich ungeordneten Systemen wie den sogenannten Spingläsern zuzuwenden. Spingläser sind magnetische Materialien, zum Beispiel Gold-Eisen-Legierungen, mit konkurrierenden Wechselwirkungen zwischen den Elektronenspins – eine parallele Ausrichtung der Spins ist genauso wahrscheinlich wie eine antiparallele. Kühlt man solche Materialien unter eine kritische Temperatur ab, so «frieren» die Elektronenspins – unfähig, den sich gegenseitig ausschliessenden Anforderungen zu genügen – spontan in zufälligen Richtungen ein. Anders als Ferromagnete weisen diese Materialien bei tiefen Temperaturen also keine makroskopische magnetische Ordnung auf. Den Zustand der «eingefrorenen» Unordnung zu charakterisieren, stellte sich als sehr kompliziert heraus.

1975 machten die Physiker Sam Edwards und Philip Anderson einen ersten Versuch. In ihrem theoretischen Modell koppelten sie die Spins nebeneinander liegender

Elektronen und stellten eine Gleichung für die freie Energie des Materials auf. Dabei handelt es sich um eine zentrale Grösse, aus der alle thermodynamischen Eigenschaften des Systems abgeleitet werden können. Die Gleichungen waren so unhandlich, dass sie nicht gelöst werden konnten, und selbst numerische Simulationen gestalteten sich schwierig. Dabei wäre man schon mit einer Charakterisierung der Grundzustände, also aller Zustände mit niedrigstmöglicher Energie, zufrieden gewesen.

Noch im gleichen Jahr doppelten David Sherrington und Scott Kirkpatrick mit einem etwas einfacheren Modell nach. Der Spin eines Elektrons wurde nun nicht mehr nur durch benachbarte Spins beeinflusst, sondern durch alle Spins des Systems. Man sollte vermuten, dass die Behandlung des Modells dadurch noch schwieriger würde, doch ist dem nicht so. Sobald die Koppelung nämlich weiter reicht als nur zu den unmittelbaren Nachbarn, kann die Stärke der Wechselwirkung zwischen den Spins durch eine Durchschnittsenergie ersetzt werden. Sherringtons und Kirkpatricks Modell stellte sich ebenfalls als umständlich heraus, doch konnten die entsprechenden Gleichungen zumindest für hohe Temperaturen gelöst werden. Für Temperaturen unterhalb der kritischen Temperatur ergaben sie jedoch physikalisch unzulässige Resultate.

Mit einem ganz neuen Ansatz, der von seinen Kollegen als revolutionär bezeichnet wurde, trat 1979 der italienische Physiker Giorgio Parisi auf die Bühne. Er konnte eine Lösung für das Modell von Sherrington und

Kirkpatrick finden, die sowohl für hohe als auch für tiefe Temperaturen korrekte Resultate ergab. Sie zeigte, dass Spingläser unterhalb einer kritischen Temperatur sehr viele Grundzustände besitzen. (Zum Vergleich: Ein Ferromagnet hat bloss zwei Grundzustände. Alle Spins weisen entweder in die eine oder in die andere Richtung.) Einige Jahre später zeigten Parisi und seine Mitarbeiter auch noch, dass diese Grundzustände in einer hierarchischen Ordnung zueinander stehen. Der «Parisi-Ansatz», wie er fortan genannt wurde, wirkte wie ein Donnerschlag. Er hatte völlig unerwartete theoretische Konsequenzen, die sich in Experimenten jedoch als zutreffend herausstellten.

Das Modell besass aber einen schwerwiegenden Schönheitsfehler: Die mathematische Herleitung entsprach keineswegs dem rigorosen Standard, den Mathematiker gewohnt sind. Der Physiker hatte seine Theorie mit einer fast unheimlich anmutenden Intuition aus dem Ärmel geschüttelt. Und obwohl das Verhalten ungeordneter Systeme in vielen Aspekten seinem Modell entsprach, galten Parisis Begründungen unter Mathematikern als unzureichend und seine Behauptungen als unbewiesen. Unter anderem hatte er einen Trick benützt, den schon Edwards und Anderson seinerzeit angewandt hatten: Um die freie Energie des Systems im Grenzfall grosser Teilchenzahlen zu berechnen, hatte er eine Annäherung an die Logarithmusfunktion vorgenommen, die mathematisch nicht zulässig war, und die Reihenfolge von mathematischen Operationen umgekehrt, die streng genommen nicht vertauscht werden dürfen.

Die daraus folgenden «Lösungen» waren zwar plausibel, da sie den Beobachtungen an Spinglasmaterialien entsprachen, doch Mathematikern standen die Haare zu Berge. Was für Physiker manchmal ganz klar erscheint, ist es eben für Mathematiker oft noch lange nicht. Während der folgenden zwei Jahrzehnte machten Mathematiker grosse Anstrengungen, Parisis auf reiner Intuition basierende Herleitungen zu beweisen.

In der Mathematik besteht der erste Anlauf zur Lösung eines schwierigen Problems oft in dem blossen Beweis, dass eine Lösung überhaupt existiert. Dieser Schritt gelang Francesco Guerra und Fabio Toninelli im Jahre 2002. Mit einer neuartigen Methode, bei der zwischen dem zu untersuchenden System und einfacheren Systemen interpoliert wurde, bewiesen sie, dass die freie Energie des Systems tatsächlich berechnet werden kann. Im folgenden Jahr tat Guerra einen weiteren Schritt, indem er die freie Energie als Summe von Parisis Ausdruck und einem Fehlerterm darstellte. Dann zeigte er, dass dieser Term positiv sein muss, womit bewiesen war, dass Parisis Ausdruck eine untere Grenze für die freie Energie des Systems darstellt.

Bereits 1993 hatte Erwin Bolthausen von der Universität Zürich an einer Fachtagung in Dänemark Talagrand von dem mittlerweile schon 20 Jahre alten Problem erzählt. Er wusste, dass sich der Franzose mit Dingen beschäftigte, die eng mit dem Spinglasproblem verwandt sind. Talagrand wandte sich denn auch Parisis Theorie zu, schaffte aber lange Zeit den Durchbruch nicht. Er war nahe daran, das Thema aufzugeben, als

Guerra die Interpolationstechnik erfand. Mit einer Weiterentwicklung der Methode gelang es Talagrand schliesslich, zu beweisen, dass der Fehlerterm in Guerras Ausdruck im Grenzfall grosser Teilchenzahlen gegen null geht. Damit war endlich bewiesen, dass Parisis Theorie nicht nur physikalisch einleuchtend, sondern auch mathematisch korrekt ist. Talagrand sollte später einmal sagen, dass das Gespräch mit Bolthausen die einflussreichsten 20 Minuten seines Lebens gewesen seien.

Das Resultat hat weitreichende Bedeutung, aber nicht unbedingt in der Physik. Jürg Fröhlich von der ETH Zürich meint, dass Parisis Methoden für viele Probleme der angewandten Mathematik fruchtbar sein werden. Überall, wo viele Einzelelemente in ungeordneten Systemen interagieren – zum Beispiel bei neuronalen Netzen, in der Ökonomie und sogar bei Sudoku-Rätseln –, kommen die Techniken der Spingläser und insbesondere Parisis Methoden nun mit dem Segen der Mathematik zur Anwendung.

Schwer fassbare dreidimensionale Sphären

Etwa alle zehn Jahre macht ein mathematischer Beweis von sich reden. 1976 war es das Vierfarbenproblem, 1993 die fermatsche Vermutung, 1998 die keplersche Vermutung. Die Pauli-Vorlesungen des an der Columbia University in New York lehrenden Richard Hamilton im Juni 2006 an der ETH Zürich waren ein erster Hinweis darauf, dass dies das Jahr werden sollte, in dem die über 100 Jahre alte poincarésche Vermutung für bewiesen erklärt würde. 1904 hatte der französische Mathematiker und Physiker Henri Poincaré die Frage gestellt, anhand welcher Kriterien man erkennen kann, ob ein dreidimensionaler Raum eine Sphäre ist. Mathematiker verstehen unter einer dreidimensionalen Sphäre einen Raum, den man als Rand einer vierdimensionalen Kugel interpretieren kann – so wie eine zweidimensionale Sphäre der Rand einer dreidimensionalen Kugel ist. Dass Sphären nicht unbedingt als solche zu erkennen sind, lässt sich veranschaulichen, wenn man sich in die Lage einer Ameise versetzt. Sie kann, wenn sie über eine Ebene krabbelt, anhand der lokalen Gegebenheiten nicht entscheiden, ob sie sich auf einer Kugel oder auf der Oberfläche eines Fahrradschlauches befindet.

Poincarés erster Versuch einer Charakterisierung dreidimensionaler Sphären war fehlgeschlagen. 1900 hatte er behauptet, dass Körper – Mathematiker verwenden den Begriff Mannigfaltigkeiten –, die nicht in sich verdreht sind und keine Löcher aufweisen, Sphären sein müssen. Vier Jahre später veröffentlichte er selber ein Gegenbeispiel und präzisierte seine Frage dahingehend, ob alle kompakten, einfach zusammenhängenden Mannigfaltigkeiten zu einer Sphäre äquivalent sind. Poincaré wusste damals bereits, dass seine Vermutung in zwei Dimensionen richtig ist. Hier lässt sich jede einfach zusammenhängende Oberfläche durch Quetschen, Zerren und Drehen (aber ohne Zerreissen oder Kleben) in eine Kugeloberfläche verwandeln. Einfach zusammenhängend heisst dabei, dass sich jedes um die Oberfläche gespannte Gummiband auf einen Punkt zusammenziehen lässt, ohne die Oberfläche zu verlassen. Ob dieses Kriterium auch in drei Dimensionen eine Sphäre charakterisiert, wusste Poincaré nicht. Er beendete seine Arbeit mit den Worten: «Aber diese Frage würde uns zu weit führen.»

Seitdem bissen sich Generationen von Mathematikern an dem Problem die Zähne aus. Alle paar Jahre taucht ein vermeintlicher Beweis auf. Bisher stellten sie sich jedoch immer als falsch heraus. Unterdessen wandten sich einige Mathematiker höherdimensionalen Räumen zu, in denen mehr Ellbogenfreiheit besteht als in drei und vier Dimensionen. Steve Smale, ein bei ehemaligen Hippies für die Gründung der Yippie-Bewegung sowie für seine Aktivitäten gegen den Vietnamkrieg bekannter Mathematiker, konnte die Poincaré-Vermutung für die fünfte und alle höheren Dimensionen beweisen, der Amerikaner Michael Freedman, der sich heute mit Quantencomputern befasst, für die vierte Dimension. Beide erhielten dafür die Fields-Medaille.

Übrig geblieben ist die ursprüngliche, dreidimensionale Version der Vermutung. Dies ist umso frustrierender, da dreidimensionale Sphären im vierdimensionalen Raum schweben, der das Raum-Zeit-Kontinuum darstellt, in dem wir leben. Laut Hamilton könnte es sein, dass ein Astronaut, der in eine Richtung ins Universum fliegt, schliesslich wieder an seinen Ausgangsort zurückgelangt. Durch eine Lösung der Poincaré-Vermutung könnten solche und ähnliche Situationen möglicherweise verstanden werden.

Im Herbst 2002 und Frühling 2003 stellte der Mathematiker Grigori Perelman drei Arbeiten ins Internet, die die Fachwelt aufhorchen liessen. Der Russe hatte jahrelang intensiv am Steklow-Institut in St. Petersburg gearbeitet, ohne dass irgendjemand genau wusste, woran. In der Tat hatte Perelman nicht nur die poincarésche Vermutung bestätigt, sondern eine noch weit anspruchsvollere Leistung vollbracht. Er hatte die sogenannte Geometrisierungs-Vermutung des Amerikaners William Thurston bewiesen. Diese besagt, dass sich alle dreidimensionalen Mannigfaltigkeiten in Einzelteile spalten lassen, die sich jeweils einem von acht Typen zuordnen lassen. Die Sphäre ist nur einer der von Thurston postulierten Bausteine. Damit wird die Poincaré-Vermutung zu einem Spezialfall der Geometrisierungs-Vermutung.

Das Werkzeug, das sich Perelman bei seiner Beweisstrategie zunutze machte, ist der sogenannte Ricci-Fluss, über den Hamilton in den 1980er- und 1990er-Jahren bahnbrechende Arbeiten geschrieben hatte. Die Idee ist der Thermodynamik entlehnt. Wenn ein Körper lokal erhitzt wird, verteilt sich die Wärme mit der Zeit, und es findet ein Temperaturausgleich statt. Hamilton benützte einen ähnlichen Ansatz, um «verbeulte» Mannigfaltigkeiten zu glätten. Auch wenn diese noch so komplex geformt sind, können sie mithilfe des Ricci-Flusses zu einheitlich gekrümmten Sphären zurechtgebogen werden. Dabei zerfallen sie oft in Teile, die dann einzeln untersucht werden müssen. Wenn gezeigt werden kann, dass am Schluss nur noch Sphären übrig bleiben, ist die poincarésche Vermutung bewiesen.

Wichtig ist, dass bei den Verformungen keine Singularitäten auftreten. Es wäre denkbar, dass beim Zurechtbiegen Ecken, Abschnürungen oder unendlich lange dünne Röhren entstehen. Das war es, wo Perelman ansetzte. Er benützte das mathematische Instrument der «Chirurgie», bei der – bildlich gesprochen – pathologische Teile der Mannigfaltigkeit ausgeschnitten, verdrillt und wieder eingenäht werden. Nach jedem Eingriff berechnete Perelman die Volumen der zerfallenen Mannigfaltigkeiten neu. Mittels Betrachtungen über die Verteilung des Volumens an den Stellen, wo die Chirurgie stattfindet, konnte er zeigen, dass nur endlich viele Eingriffe nötig sind, um in allen Fällen – ohne pathologische Komplikationen – zu den erhofften Sphären zu gelangen. Unter der Voraussetzung, dass die ursprüngliche Mannigfaltigkeit einfach zusammenhängend war, kann man die Sphären wieder zu einer Sphäre zusammensetzen.

Im Juni wollte noch niemand zur Korrektheit von Perelmans Arbeiten Stellung nehmen. Hamilton erklärte, wieso die Fachleute mit einer Wertung zurzeit noch so zurückhaltend waren. Es liegt im Wesen der Mathematik, dass Beweise strengsten Anforderungen an die Rigorosität genügen müssen. Im vorliegenden Fall gestaltete sich die Überprüfung als besonders schwierig, denn die Volumen der zurechtgebogenen Mannigfaltigkeiten müssen nach jedem chirurgischen Eingriff durch akribische Berechnungen neu abgeschätzt werden. Mathematiker, die dereinst Poincarés Theorem verwenden wollen, können die vielen Einzelschritte nicht nachvollziehen und werden sich deshalb ganz auf das Gütesiegel der Gutachter verlassen müssen. Aus diesem Grund ist es besonders wichtig, dass den Gutachtern auch nicht der geringste Fehler unterläuft.

Es gab noch einen weiteren Grund für die allseits herrschende Vorsicht. Für den Beweis der poincaréschen Vermutung hat die Clay Foundation in Boston einen Preis von einer Million Dollar ausgeschrieben. Eine Vorbedingung ist die Publikation des Beweises in einer angesehenen Fachzeitschrift. Perelman zeigte bisher überhaupt kein Interesse an dem Preis. Seitdem er seine Arbeiten ins Internet gestellt hat, herrscht Funkstille. Seine Zurückhaltung hat andere Anwärter auf den Plan gerufen. Zwei chinesische Mathematiker veröffentlichten eine überarbeitete Fassung von Hamiltons und Perelmans Arbeiten. Chinesische Kollegen behaupten nun – mit einer gewissen Portion Nationalismus –, dass sie es seien, die die entscheidenden Schritte zur Vervollständigung des Beweises geliefert hätten.

Die Tagung der International Mathematical Union, die zwei Monate später, im August 2006, in Madrid stattfand, schaffte schliesslich Klarheit. Bei dem Treffen stellte die poincarésche Vermutung das wichtigste Gesprächsthema dar. Ausgewiesene Fachleute, die jahrelang an der Überprüfung von Perelmans Arbeiten gearbeitet hatten, erklärten die Poincaré-Vermutung als bewiesen. Hamilton war einer der Hauptredner an dem Anlass, zu dem 4000 Fachleute aus aller Welt anreisten. Nicht dabei war allerdings der publizitätsscheue Perelman. Er lehnte eine Einladung ab.

Poincarés Jahrhunderträtsel

Das mathematische Problem, das Grigori Perelman gelöst hat, stammt aus dem Teilgebiet der Topologie, die sich für die Struktur von Körpern interessiert. Allerdings behandelt das erstmals 1904 vom französischen Mathematiker Henri Poincaré formulierte Rätsel nicht die uns bekannten dreidimensionalen, sondern vierdimensionale Körper, die man sich bildlich nicht vorstellen kann. Vierdimensionale Körper haben dreidimensionale Oberflächen – genauso wie die Oberfläche eines dreidimensionalen Objekts eine zweidimensionale Fläche ist. Poincaré vermutete, dass eine dreidimensionale Oberfläche genau dann eine Sphäre ist, wenn sich jede auf ihr liegende Schlinge zu einem Punkt zusammenziehen lässt, der auch auf der Oberfläche liegt.

Im zweidimensionalen Fall kann man die Aufgabe veranschaulichen. Eine Kugel, ein Würfel oder eine Pyramide entsprechen in diesem Fall Sphären, weil sie die genannte Bedingung erfüllen. Eine Brezel dagegen tut dies nicht, denn eine auf ihr verlegte Schlinge könnte einen Brezelarm umschliessen und liesse sich dann nicht weiter zusammenziehen. Da also nicht alle Schlingen zu einem Punkt zusammengezogen werden können, entspricht die Brezel keiner zweidimensionalen Sphäre.

Grigori Perelman hat die Vermutung für dreidimensionale Oberflächen bewiesen. Für noch höhere Dimensionen ist der Beweis erstaunlicherweise einfacher und wurde bereits vor über 20 Jahren publiziert.[1]

---

1 Vgl. auch George G. Szpiro, *Das Poincaré-Abenteuer. Ein mathematisches Welträtsel wird gelöst*, Piper Verlag, München 2008.

Eitler Streit unter Mathematikern

Wissenschaftliche Streitigkeiten sind so alt wie die Wissenschaft. Schon vor 300 Jahren stritten sich Isaac Newton und Gottfried Leibniz darüber, wer die Differenzialrechnung erfunden habe. Heute noch diskutieren Experten, ob es tatsächlich Albert Einstein und nicht David Hilbert gewesen sei, der die Arbeit zur Allgemeinen Relativitätstheorie als Erster publiziert habe.

Im Sommer und Herbst 2006 bahnte sich erneut ein Prioritätenstreit an. Als der mysteriöse Russe Grigori Perelman im Herbst 2002 und Frühling 2003 drei Arbeiten ins Internet stellte, waren viele Mathematiker überzeugt, dass er, auf Vorarbeiten des Amerikaners Richard Hamilton aufbauend, die letzten Schritte zum Beweis der 100 Jahre alten Poincaré-Vermutung geliefert hatte.* Mittlerweile ist die Gemeinschaft der Mathematiker überzeugt, dass der Beweis richtig ist. Aber der öffentlichkeitsscheue Russe zog sich zurück. Damit öffnete er andern, die von Ehre und Ruhm träumen (und vielleicht von der Million Dollar, die für den Beweis ausgesetzt ist), Tür und Tor.

---

* Siehe auch das vorhergehende Kapitel.

Es kam, wie es kommen musste. Im Juni des Jahres war plötzlich eine 328 Seiten starke Arbeit im *Asian Journal of Mathematics* erschienen, in der «ein vollständiger Beweis der Poincaré-Vermutung» gegeben wurde. Die Autoren waren Cao Huai-Dong von der Lehigh University im US-Gliedstaat Pennsylvania und Zhu Xi-Peng von der Zhongshang-Universität in China. In der Zusammenfassung zitierten die Autoren die Vorarbeiten der andern, schrieben aber auch, dass ihr Beweis «als krönende Leistung der Hamilton-Perelman-Theorie betrachtet werden muss». Gleichzeitig veröffentlichte die chinesische Botschaft in Washington eine Pressemitteilung, die den Erfolg der chinesischen Mathematiker feierte, und die Zeitungen in China überboten sich mit Gratulationen an die Söhne der Volksrepublik.

War Perelmans Beweis doch unvollständig gewesen? Oder wollten da Thronräuber die Krone an sich reissen? Bald blinkte das erste Warnlicht auf: Aus den in wissenschaftlichen Arbeiten jeweils angegebenen Daten wurde deutlich, dass die Chinesen den Artikel am 12. Dezember 2005 eingereicht hatten und dass dieser schon am 16. April 2006 von der Redaktion zur Veröffentlichung akzeptiert worden war. Eine so kurze Zeitspanne reicht kaum für die Begutachtung einer mittleren mathematischen Arbeit; bei einem 328 Seiten starken Text ist dies unmöglich. Ein zweites Warnlicht blinkte auf, als bekannt wurde, der Chefredaktor des *Asian Journal of Mathematics*, Harvard-Professor Yau Shing-Tung, sei Caos Doktorvater.

An der Physiker-Tagung «Strings 2006» in Peking kam ein weiterer Fingerzeig dazu. Das von Yau organisierte Treffen wurde mit grossem Pomp in der Grossen Halle des Volkes eröffnet. Stephen Hawking hielt vor 6000 Anwesenden die Eröffnungsrede. Am zweiten Tag hielt Yau einen Vortrag über den Beweis der Poincaré-Vermutung. Danach sollten die Hauptakteure, Perelman und Hamilton, zu Wort kommen. Doch damit verkam die Präsentation zur Farce. Denn der publizitätsscheue Perelman war natürlich nicht anwesend, weshalb Zitate von ihm vorgelesen wurden, die allesamt zum Inhalt hatten, wie sehr er, Perelman, Hamiltons Arbeit schätze.

Hamilton selbst kam immerhin in einer Videoansprache zu Wort. Er lobte darin aber vor allem die Schüler Yaus und hob die wichtige Rolle hervor, die diese beim Beweis der Poincaré-Vermutung gespielt hätten. Seine Ansprache endete mit den Worten: «Alle Chinesen dürfen auf die Leistungen ihrer Mathematiker stolz sein.» Damit war die Katze aus dem Sack: Es waren also doch die Chinesen, die die 100 Jahre alte Vermutung bewiesen hatten. Am nächsten Tag überschrieb die *International Herald Tribune* einen Bericht aus Peking mit dem Titel «China rückt auf das Zentrum des Kosmos zu» und berichtete darin über die wissenschaftliche Führungsrolle, die China fortan beanspruchen wolle, weshalb die Ausgaben für Forschung auf 2,5 Prozent des BSP erhöht würden.

In den 1990er-Jahren war Yau mehrmals mit dem damaligen Generalsekretär der Kommunistischen Partei und dem späteren Präsidenten der Chinesischen

Republik, Jiang Zemin, zusammengetroffen, um den Aufbau der wissenschaftlichen Institutionen des Landes zu erörtern. Die wissenschaftliche Erstarkung Chinas scheint dem in armen Verhältnissen in Hongkong aufgewachsenen Yau ein wichtiges Anliegen zu sein, und die Leistungen chinesischer Mathematiker sollten offenbar ein Sprungbrett dafür darstellen.

Doch welche Rolle spielt der Amerikaner Richard Hamilton in diesem chinesischen Spiel? Yau hatte ihn in den 1970er-Jahren kennengelernt. Der begabte junge Amerikaner, der dem Reitsport und dem Windsurfing frönte und eine schier endlose Kette von Freundinnen hatte, imponierte ihm. Und Hamilton honorierte die Verehrung mit schwülstigen Lobeshymnen auf die chinesischen Mathematiker.

In einem Nebensatz hatte Hamilton erwähnt, Cao und Zhu hätten in ihre Arbeit auch eigene Ideen einfliessen lassen, die das Verständnis des Beweises erleichterten. Das kommt der Wahrheit etwas näher. Perelmans drei Arbeiten sind äusserst knapp gefasst. Sie beschränken sich aufs Wesentliche und umfassen bloss 68 Seiten. Den ganzen Beweis eingehend darzulegen, beanspruchte viel mehr Platz. Genau dies aber taten die beiden Chinesen.

Sind sie deshalb die Verfasser des Beweises? Mitnichten. Keine mathematische Arbeit entsteht aus einem Vakuum. «Wenn ich weiter sehen kann als andere, so ist es, weil ich auf den Schultern von Riesen stehe», sagte Newton. Die Riesen werden kaum je erwähnt, denn sonst müsste Perelmans Beweis der Poincaré-Vermutung auch

Newton oder Leibniz gutgeschrieben werden. Sie waren es, die die Differenzialrechnung, die Perelman auch verwendete, erfunden hatten.

John Morgan von der Columbia University in New York, der Perelmans Internet-Arbeiten drei Jahre lang zusammen mit dem Chinesen Gang Tian überprüfte (die beiden schrieben ein 474-seitiges Manuskript über den Beweis), meinte, dass Cao und Zhu ausser Klarstellungen nichts Substanzielles zum Beweis beigetragen hätten. Bruce Kleiner und John Lott von der University of Michigan in Ann Arbor (deren Prüfung des Beweises «bloss» 192 Seiten umfasst) schrieben Perelman und Hamilton den gesamten Beweis zu.

Was sagten die Autoren der umstrittenen Publikation? Cao erklärte Perelman und Hamilton zu seinen Helden; er sei mit Zhu bloss in ihren Fussstapfen gewandelt. Offenbar war es sein Doktorvater Yau, der aus nationalistischen Gründen die unschönen Begleiterscheinungen hervorrief. Dieser beauftragte ein Anwaltsbüro, der Zeitschrift *The New Yorker*, die im August 2006 einen Teil der Vorwürfe veröffentlicht hatte, mit rechtlichen Schritten zu drohen.[1]

---

1 Vgl. auch George G. Szpiro, *Das Poincaré-Abenteuer. Ein mathematisches Welträtsel wird gelöst*, Piper Verlag, München 2008.

Rechnen mit dem Talmud

Mit seinem weissen Bart und der Kippa, der Kopfbedeckung orthodoxer Juden, wirkt Robert Aumann, einer der diesjährigen Nobelpreisträger für Wirtschaftswissenschaften, wie ein Rabbiner. Tatsächlich ist der 1930 in Frankfurt am Main geborene und als Achtjähriger mit seiner Familie nach Amerika emigrierte Aumann tief religiös und seiner Wahlheimat Israel sehr verbunden. Dass er dem rechtsnationalen Lager in Israel angehört, macht ihn unter den meist liberalen Kollegen politisch etwas zu einem Aussenseiter.

In seiner Forschung befasst sich Aumann mit der Spieltheorie, mit deren Hilfe wirtschaftliches Handeln mathematisch analysiert werden kann. Seit seiner Emeritierung wirkt der Mathematiker am *Center for Rationality* der Hebrew University in Jerusalem.

Die menschliche Wärme und der Humor des Professors, den in Jerusalem jedermann ohne Floskeln mit seinem mittleren Vornamen Yisrael anredet, sind legendär. Der Berichterstatter lernte ihn als Student kennen, als ihn Aumann kurzerhand für ein Gespräch zu sich nach Hause einlud. Dort bot ein junger Sohn Aumanns dem etwas steif, mit viel Respekt vor dem schon damals berühmten Professor dasitzenden Besucher eine Tasse warme Schokolade an, und damit war das Eis gebrochen. Der Sohn sollte 1982 als israelischer Soldat in Libanon fallen.

Drei Jahre später veröffentlichte Aumann zusammen mit seinem Kollegen Michael Maschler in der Zeitschrift *Journal of Economic Theory* die mathematische Analyse eines Problems, das im Talmud auf eine bis dahin von niemandem verstandene Weise gelöst worden war. Die Arbeit widmete er dem Andenken an seinen Sohn.

Bei dem Problem ging es um einen Mann, der seinen drei Frauen testamentarisch 300, 200 und 100 Zuzim vermacht hatte. Als er starb, stellte sich jedoch heraus, dass sein Vermögen bloss 200 Zuzim betrug. Wie sollte die Erbmasse aufgeteilt werden? Heutige Erbvollstrecker sprächen den Frauen proportional zu ihren Ansprüchen die Hälfte, ein Drittel und ein Sechstel des Nachlasses zu. Der Talmud kam aber zu einem andern Ergebnis: Die ersten beiden Ehefrauen sollten je 75, die dritte 50 Zuzim erhalten. Wie waren die jüdischen Weisen auf diese rätselhaften Zahlen gekommen?

Aumann und Maschler fanden die Antwort in der modernen Spieltheorie. Die vom Talmud verordnete Zuteilung entspricht dem sogenannten «Nukleolus» eines kooperativen Spiels. Wenn bei einem Bankrott zwei Gläubigern 300 und 200 Franken geschuldet werden, die Konkursmasse aber nur 350 Franken beträgt, könnten die Parteien vor dem Richter folgendermassen argumentieren: Der erste Gläubiger macht geltend, dass er ein unangefochtenes Anrecht auf 150 Franken habe, da seine Gegnerin im besten Falle nicht mehr als

200 Franken erhielte. Mit dem gleichen Argument erhebt die Gläubigerin unangefochtenen Anspruch auf 50 Franken. Nachdem der Konkursrichter diese 150 und 50 Franken zugeteilt hat, bleiben noch 150 Franken übrig, die er nun zu gleichen Teilen an beide Gläubiger aufteilt. Die laut dem Talmud zugesprochenen Summen von 225 und 125 Franken – und nicht 210 und 140 Franken, wie es bei einer proportionalen Verteilung von 60 und 40 Prozent gewesen wäre – stellen den Nukleolus dieses Zuteilungsproblems dar.

Mit drei und mehr Gläubigern wird die Sache etwas komplizierter. Aumann und Maschler entwickelten eine Methode, wie der Nukleolus in einem solchen Fall gefunden werden kann. Definitionsgemäss muss die Lösung folgende Bedingung erfüllen: Addiert man für jeweils zwei Gläubiger die berechneten Anteile und teilt die Summe zur Kontrolle gemäss der oben beschriebenen Regel wieder auf die beiden auf, ergibt sich genau die mit Aumanns und Maschlers Methode berechnete Aufteilung.

Dies kann man bei der talmudischen Erbschaftsfrage verifizieren. Nehmen wir die beiden Witwen, die 200 und 100 Zuzim beanspruchen, und deren gemeinsame Erbschaft sich, laut den Angaben des Talmud auf 125 Zuzim (75 + 50) beläuft. Von dieser Summe beansprucht die erste Witwe unangefochten 25, die andere 0. Erstere bekommt somit ihre 25 Zuzim, und die restlichen 100 werden gleich und gleich verteilt. Ihre Erbteile entsprechen also dem Nukleolus.

Aumann weist gerne darauf hin, dass der Talmud eine Fundgrube für die Wirtschaftstheorie sei. Grundgedanken zu Risikoaversion, freiem Wettbewerb, Standardisierung von Massen und Gewichten, unsichtbarer Hand sind in dem bald zwei Jahrtausende alten jüdischen Gesetzeswerk zu finden.

Eines von Aumanns liebsten Hobbys ist neben dem Studium des Talmuds das Skifahren mit seiner Familie. Auf die Frage, ob er dies denn in der Schweiz tue und, wenn ja, wo, entpuppt er sich als ausgewiesener Kenner der schweizerischen Alpen. In Verbier war er schon, in Crans-Montana, Davos, Arosa, Saas Fee, Pontresina, Zermatt, Gstaad, Grindelwald, Wengen und in weiteren Orten, an die er sich im Moment nicht erinnern könne. Ausserdem liebe er die Schweiz auch im Sommer und unternehme Touren im Wildstrubel. Und die Schweizer Schokolade sei ohnehin die beste der Welt.

Wie schnell sich ein Beweis in nichts auflösen kann

Die Bewegungsgleichungen der Flüssigkeitsdynamik, «Navier-Stokes»-Gleichungen genannt, stellen ein so fundamentales und schwieriges Problem der mathematischen Physik dar, dass das Clay Mathematics Institute in Boston einen seiner sieben mit je einer Million Dollar dotierten Millennium-Preise für dessen Lösung ausgeschrieben hat. Im September 2006 glaubte die Mathematikerin Penny Smith von der Lehigh University in Pennsylvania bewiesen zu haben, dass für diese Gleichungen Lösungen existieren, die nicht ins Unendliche entweichen – was einer Sensation gleichkäme. Sie publizierte ihre Arbeit im Internet auf einem Server für Vorveröffentlichungen (arXiv.org), doch die Freude stellte sich bald als verfrüht heraus. Ein Fehler in einem ihrer früheren, von Experten geprüften und zur Publikation akzeptierten Artikel, auf dem ihre jetzige Arbeit beruhte, machte den Beweis ungültig.

Im 19. Jahrhundert entwickelten der Franzose Claude-Louis Navier und der Engländer George Stokes unabhängig voneinander Gleichungen, welche die Bewegung von Molekülen bewegter Flüssigkeiten oder Gase beschreiben und dabei auch die Reibung der Moleküle aneinander, die sogenannte Viskosität, in Betracht ziehen. Diese «Navier-Stokes»-Gleichungen lassen sich allerdings nur in Spezialfällen exakt lösen. Das ist umso frustrierender, als eine allgemeine Lösung viele praktische Anwendungen haben könnte, zum Beispiel bei der Wettervorhersage, der Berechnung von Luftströmen entlang eines Flugzeugflügels oder der Berechnung der optimalen Haltung eines Skirennfahrers. Zwar können mittels Computermodellen Näherungen berechnet werden, doch sind die numerischen Methoden sehr heikel. So münden sie manchmal in unendlichen Flussgeschwindigkeiten, ein Verhalten, das man in der Natur natürlich nicht beobachtet hat.

Kein Wunder also, dass die Fachwelt aufhorchte, als Smith, die seit Langem auf dem Gebiet der Differenzialgleichungen arbeitet, für das «Navier-Stokes»-System einen Existenzbeweis präsentierte. Sie behauptete, zeigen zu können, dass sich für das Gleichungssystem immer Lösungen mit endlichen Geschwindigkeiten finden lassen, ohne indes anzugeben, wie diese konstruiert werden können. Das allein wäre jedoch schon ein spektakuläres Resultat. Rasch kursierten Gerüchte, dass nach dem ersten Millennium-Preis für den Russen Grigori Perelman und dessen Lösung der poincaréschen Vermutung schon der zweite fällig sein könnte.

Ein Bericht in der Fachzeitschrift *Nature* heizte das Interesse zusätzlich an. Wie sich aber bald herausstellte, war die Arbeit von Smith auf wackeligem Fundament gebaut. Sie basierte auf einem ihrer früheren Artikel, der zwar von einer Fachzeitschrift für korrekt befunden worden war, in dem sich aber ein Fehler versteckte. Dieser war so subtil, dass ihn die Gutachter schlicht übersehen hatten. Auch Smith fand ihn erst, nachdem ihr ein anonymer Leser ein Gegenbeispiel gesandt hatte. Damit war der neue Beweis ungültig, und die Mathematikerin sah sich gezwungen, ihre Arbeit wieder aus dem Internet zurückzuziehen.

Unterdessen sind auf Internet-Foren und Weblogs Diskussionen im Gange, ob Smith tapfer war oder voreilig, als sie ihre frische Arbeit ohne vorherige Prüfung durch Experten ins Internet stellte. Die Professorin wollte damit ihren Anspruch auf den spektakulären Beweis geltend machen, hat nun aber das Nachsehen. Einige Kollegen werfen ihr Effekthascherei vor, andere versuchen, sie aufzumuntern. Die Kritiken und hämischen Bemerkungen setzten Smith so sehr zu, dass sie einen Moment lang mit dem Gedanken spielte, ihren Beruf an den Nagel zu hängen. Doch nun hofft die Mathematikerin, den Fehler so weit reparieren zu können, dass die «Navier-Stokes»-Gleichungen zumindest für endliche Zeitspannen gelten. Für den Millennium-Preis würde das allerdings nicht reichen.

Wer gewinnt «Vier gewinnt»?

Das bei amerikanischen Kindern beliebte Spiel Tic Tac Toe besteht darin, auf neun in einem Quadrat angelegten Feldern abwechselnd ein X oder ein O einzutragen. Der Erste, der eine Reihe, Spalte oder Diagonale mit seinen Zeichen füllt, hat gewonnen. Lange hält die Kurzweil allerdings nicht an, denn sehr bald bemerken die meisten Spieler, dass man immer ein Unentschieden erzwingen kann, wenn man eine destruktive Spielweise annimmt, die Bemühungen des Gegners also fortwährend durchkreuzt.

Wer nun aber meint, dass das Spiel völlig uninteressant ist, liegt weit daneben. Dies zeigte Jozsef Beck von der Rutgers-Universität in New Jersey im Frühjahr 2006 anlässlich der alljährlich an der Hebräischen Universität in Jerusalem gehaltenen Erdös-Vorlesungen. Der aus Ungarn stammende Mathematiker hat soeben ein über 600 Seiten starkes Manuskript über das Spiel fertiggestellt.

Mit viel Humor und einem ungarischen Akzent, der dem berühmten Namensgeber der Vorlesungsreihe gerade angemessen ist, analysierte Beck mit den Werkzeugen der Kombinatorik Fragen wie «Wer gewinnt?», «Wie gewinnt er?» und «Wie lange dauert es?».

Beim gewöhnlichen Tic Tac Toe (TTT) gibt es acht verschiedene Gewinnkonstellationen: drei Reihen, drei Spalten und zwei Diagonalen stehen zur Verfügung. Bei dem im deutschen Sprachraum bekannten Spiel «Vier gewinnt», bei dem die Spieler versuchen, vier gleichfarbige Spielsteine in eine Reihe, Spalte oder Diagonale zu bringen, ergeben sich schon zehn Konstellationen. Und spielt man das Spiel in drei Dimensionen, also nicht auf einem Blatt Papier, sondern in einem räumlichen Gitter, ergeben sich schnell noch sehr viel mehr Gewinnmöglichkeiten. Mathematisch interessant ist dabei die Frage, ob der Spieler, der den ersten Zug hat, einen Vorteil hat, und ob es eventuell eine Strategie für ihn gibt, immer zu gewinnen. Für räumliche Tic Tac Toes mit den Seitenlängen $3 \times 3 \times 3$ und $4 \times 4 \times 4$ konnten Mathematiker beweisen, dass es tatsächlich eine Gewinnstrategie gibt.

Aus den Arbeiten des englischen Mathematikers Frank Ramsey, der 1930 im Alter von 26 Jahren an den Folgen einer Gelbsucht starb, folgt, dass TTT nicht in einem Unentschieden enden kann, wenn die Dimension des Spiels genügend hoch ist. Das heisst: Man kann nicht alle Plätze des Gitters besetzen, ohne automatisch an irgendeiner Stelle eine Gewinnkonstellation zu kreieren. Allerdings muss die Dimension sehr hoch sein. Zum Beispiel müsste ein TTT mit Seitenlänge 10 in einer Grössenordnung von 300 Dimensionen gespielt werden, damit ein Sieg des einen oder andern Spielers garantiert ist. Mathematiker untersuchen, ob es in einem solchen Fall eine Strategie gibt, die dem beginnenden Spieler den Sieg bringt.

Ein weiteres Spiel, mit dem sich Jozsef Beck befasst, ist das «Dreiecksvermeidungsspiel». Man zeichne sechs Punkte auf ein Blatt Papier. Der erste Spieler verbindet zwei Punkte mit einem roten Stift. Die Gegenspielerin tut das Gleiche mit einem blauen Stift. Abwechselnd zeichnen sie nun ihre Linien, wobei sie es vermeiden, Punkte mit der gleichen Farbe zu einem Dreieck zu verbinden. Wer zuerst keine andere Wahl mehr hat, als ein Dreieck mit seiner Farbe zu vervollständigen, hat verloren.

Auch hier muss laut der Ramsey-Theorie ein Spieler gewinnen, es kann kein Unentschieden geben. Ob es eine Strategie gibt, die zum Ziel führt, ist Gegenstand lebhafter Forschung. Bei sechs Punkten gibt es 15 Verbindungslinien. Wenn das Spiel bis zum Ende durchgespielt wird, hat der erste Spieler insgesamt acht, die Mitspielerin sieben Linien gezogen. Im Gegensatz zum Tic Tac Toe ist also Spieler Nummer 1 benachteiligt; er muss mehr Linien einzeichnen als die Mitspielerin. Es stellt sich also die Frage, ob Spielerin Nummer 2 den dadurch entstandenen Vorteil zu ihren Gunsten ausnützen kann.

Erhöht man die Zahl der Eckpunkte, so wird das Spiel sehr rasch unüberschaubar. Bei 18 Punkten gibt es 153 Verbindungen. Die Suche nach einer Strategie ist ausgeschlossen: Bei 153 Verbindungen, die jeweils blau, rot oder noch ungefärbt sind, gibt es 3^{153} Spielsituationen. Diese Zahl entspricht ungefähr der Anzahl von Elementarteilchen im Universum. Beck nennt das Problem, dessen Bearbeitung sogar mittels Computer völlig aussichtslos ist, ein rechnerisches Chaos.

Aber solche Fragen sollten ja gar nicht mit Computern angegangen werden, sondern mit klugen mathematischen Ansätzen. Beck schlug das Problem einem Doktoranden vor und meinte, ihm ein relativ einfaches Thema aufgegeben zu haben. Nach zwei erfolglosen Jahren gab der frustrierte Student auf. Daraufhin wandte sich Beck an seine Kollegen. Zehn Jahre später ist die mathematische Gemeinschaft Lösungen immer noch nicht viel näher gekommen.

Benjamin Franklin hat's erfunden

Seit Zeitungsleser in den Bann von Sudoku gezogen sind, hat sich die Aufregung um das Zahlenspiel etwas gelegt. Deshalb kann der Beitrag des Wissenschafters und Politikers Benjamin Franklin zu diesem Thema nun mit einer der Mathematik angemessenen Zurückhaltung untersucht werden. Ein Artikel, der 2006 in den *Proceedings of the Royal Society* erschienen ist, bietet dazu den Anlass.

Franklin, einer der Gründerväter der USA, begann seine öffentliche Karriere als Schreibassistent der General Assembly in Pennsylvania. Die Debatten, denen er als subalterner Beamter beiwohnen musste, waren oft so langweilig, dass er sich – wie er in seiner Autobiografie erzählte – die Zeit mit Zahlenrätseln vertrieb. Und dabei entstanden zwei interessante Zahlenquadrate mit Seitenlängen acht, in deren Felder er die Zahlen von 1 bis 64 einfügte.

Wie bei den Sudokus und den magischen Quadraten summiert sich jede Reihe und jede Spalte zur gleichen Zahl – bei Franklins Kritzeleien ist dies die Zahl 260. Allerdings sind Franklins Quadrate keine echten magischen Quadrate, da sich die beiden Diagonalen nicht auf diese Zahl summieren. Dafür erfüllen die 32 «geknickten

Diagonalen» (vier Felder diagonal in die eine Richtung, vier in die andere) diese Bedingung. Mehr noch: Jede halbe Reihe und jede halbe Spalte summiert sich zu 130, und jedes aus vier Feldern bestehende 2 x 2-Quadrat ebenfalls.

Eine die Mathematik seit Langem beschäftigende Frage lautet nun: Wie viele Quadrate der Seitenlänge acht gibt es, in denen sich geknickte Diagonalen auf 260 und halbe Zeilen, Spalten und 2 x 2-Quadrate auf 130 summieren?

Insgesamt gibt es etwa 10^{89} Möglichkeiten, ein 8 x 8-Quadrat mit den Zahlen 1 bis 64 zu füllen. Das ist eine unvorstellbare Zahl, die etwa eine Milliarde mal grösser ist als die Anzahl der Elementarteilchen im Universum. Franklin-Quadrate müssen aber eine Anzahl von Bedingungen erfüllen: 32 für die halben Spalten und Zeilen, 32 für die geknickten Diagonalen und 64 für die Quadrätchen. Die Zahlenquadrate, die die 128 Bedingungen erfüllen, stellen einen verschwindend kleinen Bruchteil aller Möglichkeiten dar. Bekannt war bisher bloss eine Handvoll solcher Franklin-Quadrate.

Am liebsten hätte man eine Formel, die die Anzahl der Franklin-Quadrate für alle Seitenlängen angibt. Doch die Suche nach einer solchen erwies sich bisher als fruchtlos. Bloss gewisse Spezialfälle konnten von der Engländerin Kathleen Ollerenshaw gelöst werden. Die 1912 geborene Mathematikerin, die das Problem mit kombinatorischen Methoden anging, diente als Stadträtin und später als Bürgermeisterin von Manchester. Offenbar sind politische Debatten für Studien über Zahlenquadrate besonders geeignet. Zusammen mit einem

Kollegen erhielt die 1971 von der Queen geadelte Dame ein Patent für die Anwendung von Franklin-Quadraten in der Kryptografie.

Da Bemühungen, eine allgemeine Formel zu finden, nicht zum Ziel führten, musste man sich bis vor Kurzem mit Abschätzungen begnügen. Vor zwei Jahren stellte zum Beispiel die an der University of California in Davis studierende Doktorandin Maya Ahmed in ihrer Dissertation fest, dass höchstens 228 Billionen Zahlenquadrate die Bedingungen für das Franklin-Quadrat erfüllen könnten. Der «verschwindend kleine Bruchteil» kann also immer noch eine enorm grosse Zahl sein.

Das stellte aber den Physiker Peter Loly von der University of Manitoba in Kanada nicht zufrieden. Er entwickelte mit den zwei Studenten Daniel Schindel und Matthew Rempel ein Computerprogramm zur Analyse der Franklin-Quadrate. Der Artikel, in dem sie ihre Arbeit beschrieben, wurde in den Abhandlungen der Royal Society veröffentlicht, in die Franklin vor 250 Jahren als ausländisches Mitglied aufgenommen worden war.

Der Professor und die beiden angehenden Wissenschafter benützten bei ihrer Untersuchung die Technik des «backtracking», eine besonders effiziente Suchstrategie. Dazu muss ein Problem in einer hierarchischen Struktur organisiert werden – etwa wie ein Baum –, die dann nach Lösungen durchforstet wird. Sobald eine der Bedingungen übertreten wird, wird eine ganze, möglichst grosse Klasse potenzieller Lösungen ausgeschlossen – wie wenn beim Baum ein ganzer Ast mitsamt seinen Zweigen abgesägt wird.

Die Obergrenze, die Ahmed gefunden hatte, war schnell durchbrochen, und die Zahl der möglichen Franklin-Quadrate schrumpfte rapide zusammen. Nach einer 15-stündigen Laufzeit spuckte das Computerprogramm die genaue Anzahl der Franklin-Quadrate mit Seitenlänge acht heraus: 1 105 920. Sozusagen als Beigabe ergab das Programm auch noch eine Methode zu ihrer Konstruktion.

Aber Benjamin Franklin wäre nicht der rührige Politiker gewesen, der er war, wenn er nicht immer auch noch eine Überraschung in petto gehabt hätte. Während einer ganz besonders langweiligen Sitzung des Rates von Pennsylvania füllte er ein 16×16-Quadrat mit den Zahlen 1 bis 256. Alle Reihen, Kolonnen und gebrochenen Diagonalen summieren sich zu 2056, alle Quadrätchen zu 514. Wie viele der 10^{500} möglichen Quadrate mit Seitenlänge 16 die Bedingungen eines Franklin-Quadrats erfüllen, ist nicht bekannt. Laut Spekulationen sollen es mindestens einige Billiarden sein.

Persönlichkeiten

Bellas geheimes Seminar

In der Nacht des 23. September 1982 ereignete sich in einer dunklen Strasse in Moskau ein Verkehrsunfall. Es war etwa 23 Uhr, die Strasse war dunkel und verlassen; kaum ein Fahrzeug war zu dieser späten Stunde unterwegs. Eine Frau befand sich auf dem Heimweg. Sie hatte ihre Mutter besucht und ging die Strasse entlang, als plötzlich ein Lastwagen heranbrauste, sie rammte und, ohne anzuhalten, mit hoher Geschwindigkeit weiterfuhr. Einige Momente später bog ein weiteres Fahrzeug in die Strasse, blieb einen Moment lang neben dem am Boden liegenden Opfer stehen und fuhr ebenfalls weiter. Eine Ambulanz erschien – wer hatte sie gerufen? – und brachte das Opfer direkt in eine Leichenhalle. Am nächsten Tag fand das Begräbnis statt. Es war eine sehr zurückhaltende Zeremonie, keine Totenrede wurde gehalten. Freunde und Familienmitglieder wechselten bloss einige gedämpfte Worte, ununterbrochen von beamtenhaft wirkenden Unbekannten beobachtet. Nach einer kurzen Weile zerstreute sich die Trauergemeinde. Der Unfall wies alle Anzeichen eines KGB-Attentats auf. Unfallopfer war die 44-jährige Mathematikerin Bella Abramovna Subbotovskaya. In den Tagen vor ihrem Tod war sie vom KGB zu Einvernahmen vorgeladen worden. Das «Verbrechen», für das sie offenbar verhört wurde – Anklagepunkte oder Verdachtsmomente wurden ihr nie mitgeteilt –, war die Gründung einer «Universität des jüdischen Volkes».

Heutzutage erinnert man sich nur noch dunkel daran, dass der Zugang zu renommierten höheren Lehranstalten Juden in der Sowjetunion vor gar nicht so langer Zeit verwehrt war. In der Mathematik, ein Wissenszweig, zu dem sich jüdische Intellektuelle traditionell besonders hingezogen fühlten, war die Diskriminierung besonders eklatant. 25 bis 30 Prozent der Absolventen der auf Mathematik und Physik spezialisierten Mittelschulen waren jüdischer Herkunft, aber nur eine Handvoll von ihnen wurde an die Institute zugelassen. Die renommierteste unter ihnen war MechMat, die Abteilung für Mechanik und Mathematik der staatlichen Universität von Moskau. In den 1970er- und 1980er-Jahren, bis zu Beginn der Perestroika, blieben ihre Tore jüdischen Studenten bis auf wenige Ausnahmen verschlossen. Treibende Kräfte hinter MechMats enthusiastischer Fügung der von oben verordneten antisemitischen Aufnahmepolitik waren V. A. Sadovnichii, der jetzige Rektor der Universität, O. B. Lupanov, MechMats Dekan von 1980 bis zu seinem Tode 2006, und A. S. Mishchenko, Professor und ranghohes Mitglied der Prüfungskommission. Übrigens beschränkte sich der Antisemitismus in der sowjetischen Mathematik keineswegs auf unbedeutende, kleinmütige Apparatchiks. Drei bedeutende sowjetische Mathematiker – L. S. Pontryagin, I. M. Vinogradov, die fast vollständige Macht über die Karrieren sowjetischer

Mathematiker besassen, und sogar der Menschenrechts-aktivist I. R. Shafarevich – galten als pathologische Anti-semiten. Die absurde Rechtfertigung, die einige von ihnen für ihre wüsten antijüdischen Ansichten gaben, war, dass Juden genetisch so programmiert seien, dass sie ihre mathematischen Fähigkeiten in jungem Alter entwickel-ten. Bis ethnische Russen ihre Reife erreicht hätten – so die These –, wären alle Studienplätze und Lehrstellen von Juden besetzt. Um einer solchen Situation vorzu-beugen, müssten Letztere gleich nach der Mittelschule von höheren Lehranstalten ferngehalten werden.

Bei den Aufnahmeprüfungen der MechMat wider-fuhr Juden und Kandidaten mit jüdisch tönenden Namen eine spezielle Behandlung. Die für alle Kandidaten iden-tische schriftliche Prüfung stellte für begabte und gut vorbereitete Kandidaten normalerweise kein Problem dar. Die Hürden kamen in der mündlichen Prüfung. Unliebsamen Kandidaten wurden Fragen gestellt, die oft unlösbar oder zweideutig waren oder keine richtige Ant-wort besassen. Andere Probleme setzten langwierige Berechnungen voraus oder verlangten komplizierte Beweisführungen. Die mündliche Prüfung war offen-sichtlich gar nicht darauf angelegt, die Eignung junger Mittelschulabgänger zu prüfen, sondern diente bloss dazu, ungewollte Kandidaten auszujäten. Die antagonisti-schen und unfairen Befragungen dauerten oft fünf bis sechs Stunden, obwohl sie laut Dekret auf dreieinhalb Stunden beschränkt waren. Auch bei richtigen Antworten konnten immer Gründe gefunden werden, um den Kan-didaten durchfallen zu lassen. Einer fiel durch, weil er die

Frage «Was ist die Definition eines Kreises?» mit «die Menge der Punkte, die denselben Abstand zu einem gegebenen Punkt haben» beantwortete. Die richtige Antwort sei, so der Prüfer, «die Menge *aller* Punkte, die denselben Abstand zu einem gegebenen Punkt haben». Bei einer andern Gelegenheit wurde dieselbe Antwort als falsch bezeichnet, weil der Kandidat es unterlassen hatte, zu sagen, dass die Entfernung grösser als null sein müsse. Bei den Lösungen einer Gleichung wurde die an sich korrekte Antwort «1 und 2» als falsch bewertet. Die richtige Antwort sei, so der Prüfer, «1 *oder* 2». Ein anderer Kandidat erhielt ein Ungenügend, weil er die allen Mathematikern geläufige Ungleichung $\sqrt{6}/2 > 1$ benützt hatte, ohne sie zu beweisen. Und falls ein Kandidat entgegen allen Erwartungen sowohl schriftliche als auch mündliche Prüfung bestanden hatte, konnte seine Bewerbung immer noch bei dem Aufsatz über russische Literatur mit der Standardphrase «das Thema wurde nicht genügend herausgearbeitet» abgelehnt werden. Berufungen gegen negative Entscheide der Prüfungskommission hatten praktisch keine Chance. Im besten Fall wurden sie ignoriert, im schlimmeren Fall wurde der Student für seine «Geringschätzung der Prüfer» zurechtgewiesen.

Dies waren die Umstände, als zwei unerschrockene Individuen, Valery Senderov und Bella Subbotovskaya, unabhängig voneinander beschlossen, etwas zur Richtigstellung der tristen Situation zu tun. Senderov, der auf dem Gebiet der Funktionentheorie arbeitet, war Lehrer an der für das hohe Niveau ihres Mathematikunterrichts berühmten «Schule Nummer 2». Bella hatte Arbeiten auf dem Gebiet der mathematischen Logik veröffentlicht, betätigte sich aber als Programmiererin für verschiedene technische Forschungsinstitute. Durch Zufall trafen sich die beiden im Juli 1978 auf der Treppe des Hauptgebäudes der staatlichen Universität Moskau. Dort fanden eben die Prüfungen zur Aufnahme in MechMat statt. Ziel der beiden war es, durchgefallenen Kandidaten beim Ausfüllen der Petitionen für die Berufungskommission zu helfen. Sendereov hatte noch ein weiteres Vorhaben. Zusammen mit seinem Kollegen Boris Kanevsky wollte er die rassistisch motivierte Voreingenommenheit von MechMats Aufnahmeprüfungen dokumentarisch belegen. Als Senderov mit einem soeben zurückgewiesenen Kandidaten über die ihm gestellten Prüfungsfragen sprach, stürmte ein Mitglied der Prüfungskommission aus dem Gebäude und stellte ihn grob zur Rede. Es entwickelte sich eine Rempelei, Sicherheitsleute wurden gerufen, und Senderov wurde handgreiflich von dannen befördert. Diese Begebenheit stellte, wie Kanevsky im Juni 2007 an einer Gedenkveranstaltung für Bella am Technion in Haifa darlegte, den Anfang eines ehrgeizigen und gefährlichen Unternehmens dar, der Gründung der «Universität des jüdischen Volkes».

Bella Abramovna wurde von ihren Freunden als laut, energisch und anspruchsvoll, aber auch als warm, liebenswürdig, optimistisch und unerschrocken bezeichnet. Als Kind hatte sie sich in die Mathematik verliebt und in den 1950er-Jahren an MechMat studiert. Dies war nach Stalins Tod, zu Beginn der Chruschtschow-Ära, als Juden noch nicht diskriminiert wurden. Gleichzeitig bereitete sie eine Karriere als Musikerin vor. Bella besass die Fähigkeit, ihren Enthusiasmus den verschiedenartigsten Menschen zu vermitteln, erzählte ihr späterer Mann. Bei fast allen Menschen, mit denen sie in Kontakt war, konnte sie eine Wertschätzung der Mathematik erwecken, seien es Volksschüler, für die sie mathematische Spiele erfand, begabte Mittelschüler, denen der Zutritt zur Universität verwehrt war, oder Erwachsene, die nach einem vollen Arbeitstag ihre Fortbildungskurse besuchten.

Als ihre eigene Tochter eine auf Mathematik ausgerichtete Mitteschule besuchte, wurde sich Bella der traurigen Situation richtig bewusst. Die Mittelschule stellte für mathematisch begabte jüdische Schüler eine Sackgasse dar. Sogar die Fähigsten unter ihnen hatten kaum eine Chance, reine Mathematik zu studieren. Die meisten mussten sich damit begnügen, sich in Fachhochschulen wie den Instituten für Metallurgie, Petrochemie und Naturgas, Eisenbahnwesen oder Pädagogie auf berufliche Karrieren vorzubereiten. In diesen Lehrstätten erhielten Studenten zwar eine solide Ausbildung in angewandter Mathematik, hatten aber keine Aussicht, jenseits ihres Berufsfaches zu blicken. Die reine Mathematik blieb ihnen für immer verwehrt.

Zur gleichen Zeit schrieben Senderov und Kanevsky den Untergrund-Klassiker «Intellektueller Genozid». Ein Ökonomieprofessor hatte statistisches Material über das Zulassungsverfahren gesammelt. Zum Beispiel nahm MechMat im Jahre 1979 von den 47 nicht jüdischen Kandidaten 85 Prozent auf, von den 40 jüdischen hingegen bloss 15 Prozent. Senderov und Kanevsky dokumentierten diese Tatsachen, die unfairen Fragen, die jüdischen Kandidaten gestellt wurden, die abstrusen Einwände, mit denen korrekte Antworten zunichte gemacht wurden, die haarsträubenden Argumente, mit denen Berufungen gegen unfaire Entscheide abgelehnt wurden. Die Broschüre vertrieben sie unter der Hand als Samisdat-Literatur.

Bella wollte es jedoch nicht bei der blossen Belegung der Ungerechtigkeit bleiben lassen, sie ging einen grossen Schritt weiter. Um den Durchgefallenen Hoffnung zu geben und ein Mass an Fairness wiederherzustellen, beschloss sie, zurückgewiesenen Kandidaten in ihrem eigenen Heim eine mathematische Ausbildung zu bieten. Sie gab die ungeliebte Arbeit in den technischen Forschungsinstituten auf, um sich ganz dem neuen Projekt zu widmen.

Im Herbst 1978 nahm die «Universität des jüdischen Volkes» in Bellas enger Zweizimmerwohnung die Unterrichtstätigkeit auf. Das Unternehmen begann als Studiengruppe mit etwa einem Dutzend Hörern. Alexandre Vinogradov, ein früherer Komilitone, der sein Doktorat von MechMat erhalten hatte und nun dort als Professor wirkte, hatte ein eigenes Lehrprogramm zusammengestellt und hielt gemeinsam mit ehemaligen und jetzigen Doktoranden die ersten Vorlesungen. Als Lehrmittel stand bloss eine auf einem unsicheren Schemel stehende Kindertafel zur Verfügung. Später wurde eine geeignetere Wandtafel aufgetrieben, die aber nicht durch das enge Treppenhaus passte und deshalb durch das Fenster im fünften Stock gehievt werden musste. Das informelle Institut stand jedermann offen, doch waren die meisten Hörer jüdischer Herkunft. Die Dozenten waren zum Teil, aber keineswegs ausschliesslich, ebenfalls Juden. Russische Professoren und Doktoranden, bestürzt über die unfaire Behandlung, die ihren jüdischen Kollegen widerfuhr, nahmen die selbstlose und risikoreiche Aufgabe auf sich, motiviert einzig durch einen Sinn für menschliche Anständigkeit, Liebe zur Mathematik und den Willen, ein Unrecht zumindest teilweise richtigzustellen. Niemand wurde bezahlt.

An hoch qualifizierten, begabten Lehrern bestand kein Mangel. Vinogradov, Senderov, Alexander Shen und Andrei Zelevinsky unterrichteten Analysis, Dmitry Fuchs Differenzialgeometrie und lineare Algebra, Alexey Sossinski, ein in Paris geborener und in den Vereinigten Staaten ausgebildeter Russe, las über moderne Algebra, Boris Feigin unterrichtete Topologie und kommutative Algebra, Victor Ginzburg lehrte lineare Algebra, Michail Marinov, der sich seit seinem Visumsantrag für die Ausreise nach Israel als gewöhnlicher Bauarbeiter plagte, gab Vorlesungen über Quantenmechanik. Seminare wurden von Boris Kanevsky organisiert und geleitet. Das Programm entsprach etwa den ersten zwei Studienjahren an MechMat. Universitäten auf der ganzen Welt wären auf einen Lehrkörper, wie den, der an Bellas Universität lehrte, stolz gewesen. Es gab sogar einen Gastprofessor. Anlässlich eines Besuches in Moskau gab der Amerikaner John Milnor von der Universität Princeton eine Gastvorlesung.

Die Nachricht über die Untergrunduniversität verbreitete sich rasch, und der Studentenköper wuchs. Bald war die Zahl der Hörer so gross, dass sie nicht mehr in Bellas winzige Wohnung passten. Es mussten andere Örtlichkeiten gefunden werden. Mit oder ohne Erlaubnis requirierte Bella Klassenzimmer in Schulen, leere Vorlesungssäle in der Rechtsfakultät der Universität, im Chemiegebäude, in der Abteilung für Geisteswissenschaften, im Institut für Petrochemie und Naturgas. 1979, im zweiten Jahr ihrer Tätigkeit, umfasste die «Universität» 90 Studenten. Bella unterrichtete nicht, war aber Spiritus Rector hinter allen Aspekten des Unternehmens. Sie organisierte die Vorlesungen, informierte die Studenten über Zeitplan und Treffpunkte, verteilte in den Pausen sogar Tee und selbst gemachte Sandwiches. Eine wichtige und keineswegs gefahrlose Tätigkeit war die Verteilung der Vorlesungsskripte. Zuerst wurden sie mit Durchschlägen auf einer Schreibmaschine getippt; Gleichungen wurden von Hand eingefügt. Später wurden die Skripte sogar fotokopiert. Niemand fragte, wie und wo das geschah, denn die unerlaubte Vervielfältigung stellte in der Sowjetunion ein ernstes Vergehen dar. 1980 wurden die Studiensessionen auf zweimal pro Woche erhöht. Samstags fanden jeweils drei Vorlesungen und das Seminar statt.

Obwohl einige Mitglieder des Lehrkörpers, insbesondere Senderov, bekannte Dissidenten waren, wurde in Bellas Universität jegliche Erwähnung von Politik sorgfältig vermieden. Aber das Unternehmen war zu erfolgreich, als dass die Behörden es ignorieren konnten.

Obwohl die «Universität» keinerlei politische Absichten hatte, stellte sie eine Herausforderung für das sowjetische System dar. Die Behörden konnten nicht zulassen, dass eine unabhängige, inoffizielle Institution florierte und die Machtvollkommenheit des sowjetischen Staates infrage stellte. Allein schon die Existenz einer «Universität des jüdischen Volkes» wurde von den Behörden als politischer Widerstandsakt und Provokation gewertet. Das Ende des Unternehmens begann sich abzuzeichnen.

Zu Beginn des fünften Jahres des universitären Betriebs wurde Bella vom KGB vorgeladen und verhört. Agenten des «Komitees für Staatssicherheit» hatten sich zur Beobachtung der Vorgänge oft unter die Hörer gemischt. Sie mussten gewusst haben, dass an der inoffiziellen Lehranstalt keine subversiven Aktivitäten stattfanden. Aber was für ein Unternehmen Bellas Universität eigentlich war, konnten sie nicht begreifen. Wieso würde denn jemand ohne Bezahlung Mathematik unterrichten? Eines Tages, im Sommer 1982, kam die Nachricht, dass Senderov, Kanevsky und ein Student verhaftet worden seien. Sie hatten Flugblätter verteilt, in denen sie gegen die «freiwillige» Arbeit protestierten, die die Kommunistische Partei zur Erinnerung an Lenins Geburtstag jeweils an einem Samstag des Jahres organisierte. Senderov und Kanevsky waren bekannte Dissidenten, hatten aber Mathematik und Politik strikte auseinandergehalten. Aber bei Hausdurchsuchungen waren neben den Flugblättern auch Teilnehmerlisten von Bellas Universität gefunden worden. Dies gab den Behörden die Rechtfertigung, die sie suchten.

Bella wurde erneut vorgeladen und aufgefordert, als Zeugin gegen Senderov zu wirken. Selbstverständlich weigerte sie sich. Ihr unabhängiger Geist gestattete ihr nichts anderes als trotzigen Widerstand gegen die Behörden. Die tragischen Konsequenzen ereigneten sich einige Tage später. Der Autobus des Kammerorchesters der staatlichen Universität Moskau, wo Bella seit ihrer Studentenzeit die erste Viola gespielt hatte, brachte ihren Leichnam zur Bestattung.

Bellas Tod bedeutete das Ende des Unterfangens. Senderov wurde wegen antisowjetischer Propaganda zu sieben Jahren Gefängnis verurteilt – wo er lange Perioden in Strafzellen verbringen musste, bei einer Diät, die ihn so schwächte, dass er sich tagelang nicht einmal von seiner Pritsche erheben konnte. Kanevsky wurde zu 14 Monaten Gefängnis verurteilt. Die mathematischen Seminare wurden noch einige Monate lang weitergeführt, aber ohne Bellas Führung fehlte der Geist hinter dem Unternehmen. Im Frühling 1983 schloss die virtuelle «Universität des jüdischen Volkes» ihre nicht existierenden Tore. Während den vier Jahren ihrer Existenz hatte sie etwa 350 Studenten in höherer Mathematik unterrichtet und etwa 100 Absolventen hervorgebracht. Viele von ihnen sind heute Dozenten an führenden Universitäten, vor allem in Amerika und Israel. Aber Bella gab ihren Schützlingen mehr als nur eine mathematische Ausbildung. Angesichts von Ungerechtigkeit, Diskriminierung und scheinbar unüberwindlichen Schwierigkeiten hatte sie ihnen Hoffnung gegeben und sie gelehrt, Widerstand zu leisten.

Kreuzzug für die Ehrlichkeit der Mathematik

Der in London lebende kanadische Mathematiker Douglas Keenan hat sich den Kampf gegen die schlampige oder böswillige Verwendung der Mathematik auf die Fahnen geschrieben. Man möchte ja meinen, dass es in der Mathematik keinen Spielraum für unterschiedliche Meinungen gäbe, aber wenn es um die Interpretierung von Daten geht, können durchaus Meinungsverschiedenheiten auftreten. Zuweilen kommt es sogar zu bewussten Fälschungen und Falschinterpretationen. Namentlich bei der Erforschung des Klimas werden oft gegensätzliche Standpunkte mit wissenschaftlichen Studien untermauert, die ihrerseits auf der mathematischen Auswertung von Daten basieren. Da den Arbeiten ein Siegel der Glaubwürdigkeit anhaftet, insbesondere wenn sie mathematisch verbrämt sind, verlassen sich Politiker oft auf sie. Umso wichtiger ist es, dass sie sorgfältig durchgeführt wurden.

Keenan arbeitete nach seinem Mathematikstudium an der University of Waterloo einige Jahre an der Wall Street, wandte sich aber 1995 gänzlich der Forensik in der Mathematik zu. Seitdem führt er – selbstständig und unabhängig –, einen richtiggehenden Kreuzzug gegen unsaubere mathematische Machenschaften. Die Zielscheiben seiner oft in markigen Worten gehaltenen Angriffe sind vielfältig, sie reichen vom Missbrauch statistischer Methoden bei der Herkunftsbestimmung vulkanischer Asche bis zur fragwürdigen Verwendung von Jahresringen bei der Altersbestimmung eines hölzernen Schiffswracks.

Im Jahre 2004 erschien in der renommierten Wissenschafts-Zeitschrift *Nature* eine Studie, in der der Reifungsprozess von Pinot-Noir-Trauben als Indikator für die Wärme des Klimas verwendet wurde. Der offizielle Beginn der Ernte im Herbst wird nämlich durch die Reife der Trauben bestimmt, die ihrerseits von der Temperatur des vorhergehenden Sommers bestimmt wird. Da die Kalenderdaten des Erntebeginns im Burgund seit 1370 in Stadtarchiven registriert werden, könnten sie als Hinweise für die Temperaturentwicklung der vergangenen sechs Jahrhunderte dienen. Eine französische Forschergruppe stellte dazu ein Modell auf. Darin wies das Jahr 2003 die höchste Sommertemperatur seit 600 Jahren auf. Die Schlussfolgerung war klar: Auch im Burgund wird es immer heisser.

Keenan war die Arbeit suspekt, und er wollte den mathematischen Unterbau überprüfen. Dazu benötigte er allerdings die Rohdaten, doch die Autoren waren nicht bereit, sie herauszugeben. Erst nach zwei Reklamationen bei *Nature* rückten sie ihre Unterlagen heraus. Keenan wurde sofort fündig. Die Autoren hatten die Daten ihrer Studie geglättet, Standardfehler und Standardabweichung verwechselt, falsche Parameter benützt, Tagestemperaturen mit Durchschnittstemperaturen durcheinander gebracht. Zieht man alle Fehlerquellen in Betracht, so wies das Jahr 2003 zwar eine hohe, aber – bei einer solch langen Zeitreihe – nicht unerwartet hohe Temperatur auf. Dass die Gutachter von *Nature* nichts bemerkten, verwundert nicht, da ihnen das Datenmaterial nie zur Verfügung gestellt worden war und sie es auch nie angefordert hatten. Dabei wäre es ein Leichtes gewesen, den Autoren auf die Schliche zu kommen. Allein schon die Tatsache, dass das Traubenerntemodell für das Jahr 2003 eine Temperatur ergab, die 2,4 Grad über der tatsächlich von Météo France gemessenen Temperatur lag, hätte die Gutachter stutzig machen sollen.

Keenans neuere Zielscheibe sind zwei Arbeiten, die den Einfluss der Verstädterung auf die Erwärmung des Klimas zwischen 1954 und 1983 untersuchen. Um Messwerte über Zeiträume vergleichen zu können, ist es von höchster Bedeutung, dass die Position der Messstation während der Beobachtungsperiode unverändert bleibt. Da eine Stadt Wärme generiert, wird eine Messstation zum Beispiel nach einer Verlegung aus dem Zentrum der Stadt an ihre Peripherie niedrigere Messwerte aufweisen. Dagegen werden sich die Messwerte eher erhöhen, wenn eine Messstation von einer Position windwärts der Stadt in den Abwind umplaciert wird. Schon kleine Standortveränderungen, zum Beispiel aus einem Feld zur nebenan liegenden asphaltierte Strasse, führen zu Abweichungen. Keenan zweifelt vor allem an den Messungen aus China. Er glaubt nicht daran, dass während Maos Kulturrevolution, als Wissenschafter und Intellektuelle geringgeschätzt wurden, wissenschaftliche Arbeit mit Sorgfalt durchgeführt wurde.

Bei der Frage, welche Stationen für die Messungen verwendet wurden, stiess Keenan wiederum auf Wände. Einer der Autoren antwortete ihm: «Warum soll ich die Daten zur Verfügung stellen, wenn es Ihr Ziel ist, etwas an der Studie auszusetzen?». Aber der Professor hatte nicht mit Keenans Hartnäckigkeit gerechnet. Da er an einer Universität in England wirkte, unterlag er dem Freedom of Information Act, der Angestellte öffentlicher Institutionen zur Datenfreigabe verpflichtet. Somit war er gezwungen, Keenan die Liste der chinesischen Mess-stationen zur Verfügung zu stellen, und dieser konnte nun ihre Standorte überprüfen. Und siehe da: Von 35 Mess-stationen wiesen 25 Standortänderungen auf, manchmal sogar mehrere, die oft Dutzende von Kilometern betru-gen. Von 49 weiteren Messstationen existierten gar keine Unterlagen.

Ein nonkonformer Mathematiker

S teve Smale (geboren 1930) ist einer der berühmtesten zeitgenössischen Mathematiker. Nach seinem Doktorat an der Universität von Michigan befasste er sich mit Topologie und erhielt 1966 für den Beweis der Poincaré-Vermutung in mehr als vier Dimensionen die Fields-Medaille. Später wandte er sich der Untersuchung von dynamischen Systemen zu, dann der mathematischen Ökonomie und schliesslich den Computerwissenschaften. In seiner Jugend war er Mitglied der Kommunistischen Partei, nahm an Protesten gegen die Kriege in Korea und Vietnam teil, wurde vom Komitee für unamerikanische Aktivitäten des Repräsentantenhauses vorgeladen und war Mitbegründer der Yippie-Bewegung. Mit der mächtigen National Science Foundation legte er sich an, weil er öffentlich behauptete, dass er seine beste mathematische Arbeit jeweils am Strand mache. Eine seiner Veröffentlichungen trug den Untertitel «Was am Strand von Rio wirklich geschah». Im Mai 2007 ist ihm in Jerusalem der Wolf-Preis für Mathematik verliehen worden.

Herr Smale, was bedeutet Ihnen die Mathematik?

Steve Smale: Mathematik ist nicht die einzige Motivation in meinem Leben. Ich betrachte mich als Wissenschafter im weitesten Sinne, auch ein wenig als

Künstler. Der motivierende Faktor war für mich immer der Versuch, Phänomene des täglichen Lebens zu verstehen.

Ist die Mathematik eine kulturelle Errungenschaft?

Ich würde nicht unbedingt sagen kulturell, vielmehr wissenschaftlich im weiten Sinne. Ich erkenne Schönheit und Eleganz in der Mathematik und schätze ihre Fähigkeit, Dinge des täglichen Lebens zu idealisieren. Traditionell versucht man ja mithilfe der Mathematik physikalische, aber auch andere Phänomene – zum Beispiel wirtschaftliche – zu erklären. Neuerdings versuche ich, das menschliche Sehvermögen zu verstehen, indem ich ein Modell der Sehrinde entwickle. Vielleicht wird sich eines Tages zeigen, dass universelle Gesetze existieren, die uns in die Lage versetzen werden, menschliches Denken und Lernen zu verstehen.

Wieso ist die Mathematik für das Verständnis von Naturerscheinungen so erfolgreich, verglichen zum Beispiel mit erzählerischen Mitteln?

Mathematik ist eine formalisierte Art des Denkens. Zusammenhänge können in der Mathematik viel präziser ausgedrückt werden als in der Literatur. So können etwa Ausmasse und Grössen in ein mathematisches Modell mit einbezogen werden. Zugleich lässt sich aber auch das Unscharfe und Ungefähre, das sich mit Worten so trefflich erfassen lässt, mittels Wahrscheinlichkeiten berücksichtigen. Das ist vor allem bei der Beschreibung biologischer Systeme wichtig. Erfolgreich ist die Mathematik, weil man mit ihr leichter nach generellen, allgemeingültigen Gesetzen suchen kann. Sie ermöglicht es, vom Alltäglichen zu abstrahieren und die zentralen Ideen herauszuarbeiten. Diese Abstraktion gestattet es, universelle Gesetze zu erkennen. Ich selber wurde sehr von Newton inspiriert, der die Bewegung der Planeten um die Sonne und den vom Baum fallenden Apfel als verschiedene Manifestationen ein und desselben Phänomens, nämlich der Gravitation, erkannte. Ich wünschte mir eine Sprache, mit der Naturerscheinungen so beschrieben werden können, dass man automatisch erkennt, zu welchem übergeordneten Phänomen diese gehören.

Wieso ist es in der Mathematik so wichtig, Sachverhalte, an denen kaum jemand zweifelt, rigoros zu beweisen?

Bloss weil viele Leute etwas glauben, heisst es noch lange nicht, dass es auch wahr ist. Deshalb befürworte ich rigorose Beweise der grossen Probleme. Meiner Meinung nach sind jedoch Beweise nicht das Entscheidende in der Mathematik. Zwar bemühe ich mich in meiner Arbeit stets, rigoros zu sein, aber die Zusammenhänge sind für mich wichtiger als Beweise. Das Primäre in der Mathematik sind die Beziehungen zwischen den Strukturen sowie die Entwicklung von Konzepten. Weil Beweise für mich nicht das Ultimative in der Mathematik darstellen, akzeptiere ich zum Beispiel auch die von vielen Mathematikern abgelehnten Beweise mittels Computer.

Zu Anfang Ihrer Karriere beschäftigten Sie sich vor allem mit der Topologie (einer Weiterentwicklung der Geometrie). Wieso haben Sie dieses Arbeitsgebiet verlassen?

1961 hatte ich die Poincaré-Vermutung für die fünfte und höhere Dimensionen bewiesen. Danach schien mir alles etwas banal. Zwar fehlten die Beweise für die dritte und vierte Dimension noch, aber es schien mir – ich behaupte nicht, dass ich damit recht hatte –, dass dies nur noch Spezialfälle seien. Also schien es mir interessanter, mich andern Gebieten zuzuwenden. Da ich mich schon vorher während einiger Jahre mit dynamischen Systemen befasst hatte, kannte ich die grossen Probleme der Dynamik. Also begann ich, auf diesem Gebiet zu arbeiten.

Waren Sie überzeugt davon, dass die Poincaré-Vermutung in drei Dimensionen richtig war?

Nein, ganz und gar nicht. Eine Zeitlang glaubte ich sogar, ein Gegenbeispiel gefunden zu haben. Aber es funktionierte nicht, ich fand einen Fehler. Immer wenn ich mich mit einem mathematischen Problem beschäftige, arbeite ich auf beiden Seiten der Frage. Man darf keine vorgefassten Meinungen haben. Wenn man nur die eine Seite einer Fragestellung in Betracht zieht, erhält man keine gute Perspektive. Manchmal soll man sich sagen: «Also, wenn das, was ich beweisen will, falsch ist, wie würde ich vorgehen, um dies zu beweisen?». Dieses Hin und Her ist ein wichtiger Teil beim Beweisen eines Theorems.

Nach dem Studium dynamischer Systeme wandten Sie sich der Dynamik in wirtschaftlichen Märkten zu. Wie sind Sie zur Ökonomie gestossen?

Aufgrund meiner politischen Aktivitäten und der Kontakte zu vielen Marxisten war ich schon immer an der Ökonomie interessiert. Eines Tages kam der mathematische Ökonom und spätere Nobelpreisträger Gérard Debreu in Berkeley auf mich zu und stellte mir einige Fragen zu Problemen des Gleichgewichts. Ich erläuterte ihm ein Theorem, das für seine Forschung von Bedeutung war. Daraufhin begann eine Freundschaft zwischen uns; ich habe viel von ihm gelernt und er viel von mir. Zusammengearbeitet haben wir zwar nie, aber wir sprachen viel miteinander. Während dieser Zeit versuchte ich selber zu verstehen, wie die Wirtschaft funktioniert. Die wichtigste Frage in der Ökonomie war, wie sich Preise dynamisch anpassen. Ich habe einige Zeit mit diesem Problem zugebracht, aber meine Bemühungen schlugen fehl. Die andere Frage war: Wie finden ökonomische Agenten zu Gleichgewichtspreisen, wenn sich Parameter dynamisch verändern? Wie finden sie in sich verändernden Situationen die numerischen Lösungen? Ich habe die Theorie und den Algorithmus entwickelt, um solche Fragen zu beantworten.

Nach ein paar Jahren verliessen Sie die Wirtschaftswissenschaften und wandten sich den Computerwissenschaften zu.

Ja, ich hatte also einen Algorithmus entwickelt, der anhand von Angeboten und Nachfragen die Marktpreise bestimmen sollte. Ich versuchte nicht, eine eigentliche Wirtschaft zu simulieren, das taten andere Leute. Mir ging es bloss um die abstrakte mathematische Theorie. Aber es gab noch einen andern Algorithmus von Herbert Scarf. Ich war überzeugt, dass meiner besser, schneller und natürlicher war, und dies führte zur Frage, wie entschieden werden könne, welcher Algorithmus besser sei. Somit wandte ich mich den Computerwissenschaften zu, um Algorithmen zu verstehen.

War es als früherer Kommunist Ihr Ziel, zentral gelei-
teten Planwirtschaften zu ermöglichen, die Gleichgewichte
zu finden?

Nicht direkt. Bevor ich mich in Berkeley als Gegner des Vietnamkriegs betätigte, war ich als Student an der Universität von Michigan Kommunist, aber nie wegen der Wirtschaft in der Sowjetunion. Ich interessierte mich nie aus Liebe zur Planwirtschaft für den Marxismus, und über Wirtschaftsfragen wusste ich gar nicht genau Bescheid. Mit fortschreitendem Alter, mehr Welterfahrung und zunehmender intellektueller Reife habe ich dem Marxismus dann ganz den Rücken gekehrt. Aber es dauerte viele Jahre.

Für Märkte begann ich mich erst später zu interessieren. Zwar bin ich immer noch kein Anhänger des kapitalistischen Systems, weit davon entfernt. Aber über die Jahre hinweg wurde ich marktorientiert. Als ich mich für Algorithmen zu interessieren begann, war es die Marktwirtschaft, die mich inspirierte. Unter der Annahme, dass der Markt die Existenz eines Gleichgewichts garantiert, fragte ich mich, wie man dieses findet. Es wird durch Gleichungen gegeben, und ich lieferte Algorithmen, um diese zu lösen.

Woran arbeiten Sie jetzt?

Nach der Preisverleihung werde ich hier in Israel drei Vorträge halten. Am Weizmann-Institut werde ich über die Mathematik des Sehvermögens sprechen und ein Modell der Sehrinde präsentieren. Am nächsten Tag fahre ich zur Haifa-Universität, wo ich über die Geometrie von Datenpunkten sprechen werde. Dann werde ich in Beersheva über Vogelschwärme reden. Das ist ein grosses Thema in der Zoologie, wo viele Studien und Beobachtungen gemacht wurden. Man hat eine Gruppe von Vögeln am Boden, und plötzlich heben sie – wie auf Befehl – gemeinsam ab und fliegen mit der gleichen Geschwindigkeit in die gleiche Richtung. Es sind ähnliche Mechanismen am Werk wie in der Regelungstechnik. Konstrukteure von Robotern interessieren sich zum Beispiel für das Thema, weil sie nach Methoden suchen, diese miteinander kommunizieren zu lassen. Übrigens tritt das gleiche Phänomen beim Entstehen einer Sprache auf. Da ist die Frage, wie man mittels der Sinnesorgane zu einem gemeinsamen Verständnis findet. In der Ökonomie wäre dies der gemeinsame Glaube an ein Preissystem. So geht meine Arbeit über Vogelschwärme auf meine alte Frage zurück: Wie gelangen Menschen zu einem Konsens über ein Preissystem?

Sie haben Ihr Wissensgebiet während eines halben Jahrhunderts beobachtet. In welche Richtung geht die Mathematik?

Mein Gefühl ist, dass eine Verschiebung weg vom traditionellen Gebiet der Physik stattfindet. Seit der Antike war dies das Feld, das die Mathematik inspirierte. Ich glaube, dass sich die Dinge in der Mathematik jetzt schneller verändern als in der Physik. Sehvermögen, Biologie, Ingenieurwissenschaften, Statistik, Computerwissenschaften und vor allem wissenschaftliches Rechnen sind die Wissensgebiete, die die Art, wie sich Mathematik verändert, beeinflussen.

Das sind Gebiete der angewandten Mathematik. Wie steht es um die reine Mathematik?

Ich glaube nicht, dass eine Dichotomie zwischen reiner und angewandter Mathematik besteht. Betrieb Newton, als er die Analysis und die Differenzialrechnung entwickelte, um die Schwerkraft zu verstehen, angewandte Mathematik? Ich denke nicht. War es reine Mathematik? Nein. Ich rede über die Verwendung der Mathematik, um die Welt zu verstehen. Probleme kommen heute auf uns zu, die von der Computerwissenschaft herrühren, vom Ingenieurwesen, von der Biologie. Trotzdem handelt es sich nicht um blosse Anwendungen, sondern um eigentliche Mathematik.

Verleihung der Fields-Medaillen in Madrid

Im August 2006 sind am International Congress of Mathematicians in Madrid die Gewinner der Fields-Medaillen bekannt gegeben worden. Preisträger waren die Russen Grigory Perelman sowie Andrei Okounow, der an der Universität Princeton wirkt, Terence Tao von der University of California in Los Angeles und der in Deutschland geborene Franzose Wendelin Werner, der an der Université Paris-Sud und der École Normale Supérieure lehrt. Die alle vier Jahre verliehenen Fields-Medaillen sind die höchsten Auszeichnungen in der Mathematik und gelten als gleichwertig mit dem Nobelpreis. Um die Kreativität junger Forscher zu fördern, werden die Medaillen an Mathematiker vergeben, die nicht älter als 40 Jahre sein dürfen.

Über den publikumsscheuen Perelman, dessen Beweis der 100 Jahre alten Poincaré-Vermutung im Jahr 2003 Schlagzeilen gemacht hatte, ist bereits viel geschrieben worden.[1]

Der als Einzelgänger bekannte Mathematiker demissionierte im Dezember 2005 vom Steklow-Institut in

---

1 Siehe auch folgendes Kapitel.

St. Petersburg und hält sich seitdem an einem unbekannten Ort auf. Im Juni 2006 hatte Richard Hamilton anlässlich der Pauli-Vorlesungen an der ETH Zürich über den Beweis, der vom Preiskomitee als Grund für die Ehrung genannt wurde, referiert.[2] Die Arbeit, die Perelman in drei Teilen bloss über das Internet veröffentlichte, geht über das Problem von Poincaré hinaus. Sie beweist eine noch viel weiter gehende Vermutung über die Geometrie dreidimensionaler Körper.

Der 38-jährige Preisträger Werner arbeitet an der Nahtstelle zwischen Mathematik und Physik. Die Anregung für seine Arbeiten findet er in der statistischen Physik. In ihr wird die Wahrscheinlichkeitstheorie zum Studium komplexer makroskopischer Systeme benützt, die aus vielen (im Grenzfall sogar unendlich vielen) mikroskopischen Partikeln bestehen. Obwohl das Verhalten der Partikel durch das Zufallsprinzip bestimmt ist, kann das Gesamtsystem laut dem Gesetz der grossen Zahlen durchaus deterministisch agieren. Andererseits kann es – wie bei der brownschen Bewegung – unvorhersagbar bleiben.

Bei kritischen Werten gewisser Parameter weisen solche System oft Phasenübergänge auf. So beginnt Wasser bei 100 Grad Celsius zu kochen. Wie sich herausstellte, verhalten sich viele physikalische Systeme in der Nähe ihrer kritischen Parameter sehr ähnlich. Physiker formulierten Erklärungen dafür, die sie aber nicht streng

---

2 Siehe auch das Kapitel beginnend auf Seite 38.

beweisen konnten und deren Allgemeingültigkeit somit nicht gegeben war. Es war Werner – in Zusammenarbeit mit den Kollegen Greg Lawler und Oded Schramm –, der einen neuen Zugang zum Studium kritischer Phänomene in zwei Dimensionen entwickelte. Dieser erlaubte mathematisch rigorose Beweise für die Vermutungen der Physiker.

Der Russe Okounkow wurde für seine Brückenschläge zwischen Wahrscheinlichkeitstheorie, algebraischer Geometrie und Repräsentationstheorie ausgezeichnet. Letztere beschäftigt sich mit dem Studium algebraischer Objekte mithilfe von Matrizen. Indem er diese Zweige der Mathematik in Beziehung zueinander setzte, konnten neue Erkenntnisse für die Lösung physikalischer Probleme erzielt werden. Die Laudatio erwähnt insbesondere einen Beitrag Okounkows zur Erforschung von Matrizen, die mit Zufallszahlen gefüllt sind. Diese finden sowohl in der Mathematik als auch in der Physik breite Anwendung. Okounkow benützte Ideen aus der Quantenfeldtheorie, um neue Erkenntnisse über die sogenannten Eigenwerte dieser Matrizen zu erhalten.

Mit seinem Alter von 31 Jahren war Terence Tao der jüngste unter den jetzigen Preisträgern. Allerdings war er schon immer ein Frühstarter. Als Achtjähriger wurde er nach einem brillanten Resultat bei einem Mathematiktest für Studienanfänger als Wunderkind bezeichnet, mit 13 Jahren gewann er eine Goldmedaille an der internationalen Mathematik-Olympiade, als 21-Jähriger doktorierte er an der Universität Princeton, und schon vier Jahre später wurde er zum Professor an die University of California in Los Angeles berufen. Taos Vielseitigkeit ist sprichwörtlich. Seine Forschung umfasst partielle Differenzialgleichungen, Kombinatorik, harmonische Analyse und Zahlentheorie. Die Laudatio beschreibt Tao als einen Mathematiker, der ausserordentliche technische Fähigkeiten mit einem ungewöhnlichen Scharfsinn für neue Ideen verbinde.

Im Jahre 2004 fand sein Beweis (mit dem Engländer Ben Green), dass es beliebig lange arithmetische Folgen von Primzahlen gibt, internationale Beachtung. Ein anderes Beispiel seiner Arbeit ist die Lösung – im Jahre 1999 mit Allen Knutson – eines damals fast 90 Jahre alten Problems, das unter dem Namen «Vermutung von Horn» bekannt war. Es ging um die Frage, was die Eigenwerte einer Summe zweier «hermitescher» Matrizen sind, wenn die Eigenwerte der einzelnen Matrizen bekannt sind.

Genialer Einsiedler

Was in den Naturwissenschaften der Nobelpreis ist, sind in der Mathematik die Fields-Medaillen – die höchsten Auszeichnungen, die ein Forscher erhalten kann. Nur alle vier Jahre werden sie vergeben, im Jahre 2006 am Internationalen Kongress der Mathematiker in Madrid. Einer der Geehrten war der 40-jährige russische Mathematiker Grigori Perelman für seinen Beweis der poincaréschen Vermutung. Doch die Feierlichkeiten fielen teilweise ins Wasser. Denn Perelman lehnte die Ehrung, für die die meisten Mathematiker ihre ganze Karriere opfern würden, ab und reiste gar nicht erst an.

Von Perelman war nicht einmal eine Stellungnahme zu erhalten. Journalisten empfing der Mathematiker nicht, und sogar seinen Kollegen wich er aus. E-Mails blieben seit Jahren unbeantwortet. Fotografien des genialen Forschers gibt es so gut wie keine. Im Internet geistern lediglich ein paar Schnappschüsse herum, die einen blässlichen jungen Mann mit rotem Vollbart und langem Haar zeigen.

Ende 2005 brach Perelman auch die letzte Brücke zur wissenschaftlichen Gemeinschaft ab und kündigte seine Stelle am russischen Steklov-Institut. Laut Informationen ehemaliger Weggefährten lebt er mit seiner Mutter in einer Wohnung in St. Petersburg. Leute, die ihn kennen, raten zu einem Besuch im Theater, wenn man ihn treffen wolle, denn das ist eines der ganz wenigen Interessen, denen Perelman frönt. Aber das Theater, das um ihn und seine Arbeit gemacht wird, ist ihm zuwider. Angewidert vom Rummel, der um seine Person gemacht werden könnte, habe er sich nun ganz aus der Mathematik zurückgezogen, rumort es in der internationalen Forschergemeinde.

Das Problem, für dessen Lösung Perelman geehrt werden sollte, beschäftigt die Mathematik seit über 100 Jahren. Die nach dem französischen Mathematiker Henri Poincaré benannte Vermutung galt als das wichtigste ungelöste Rätsel der Topologie, eines Zweiges der Mathematik, der sich mit geometrischen Strukturen befasst. Das private Clay-Institut in Boston zählt Poincarés Vermutung zu den sieben bedeutendsten Problemen der Mathematik. Auf die Lösung jedes dieser Probleme hat das Institut eine Belohnung von einer Million Dollar ausgesetzt. Einzige Voraussetzung: Der Beweis muss in einer anerkannten Zeitschrift publiziert werden. Aber so wenig sich Perelman um die Ehre der Fields-Medaille schert, so wenig interessiert ihn das Geld: Er hat seinen Beweis ins Internet gestellt, eine Veröffentlichung in einem Journal ist ihm der Mühe nicht wert.

Wer ist dieser Russe, der – ob er es will oder nicht – zu einer Ikone der Mathematik zu werden verspricht? Mikhail Gromow, einer der bedeutendsten lebenden

Mathematiker vom Institut des Hautes Études Scientifiques bei Paris, der mit Perelman eng zusammenarbeitete, versucht zu erklären: «Grigori ist über den Niedergang ethischer Normen in der Gesellschaft und in der Mathematik sehr betrübt. Da er sich nicht in Kontroversen einmischen will, hat er seine menschlichen Kontakte sehr eingeschränkt.» Und Tom Ilmanen von der ETH Zürich, der ihn einmal an einer Konferenz kennenlernte, meint: «Er ist eine faszinierende Persönlichkeit. Ich bewundere seine Integrität und Unabhängigkeit.»

Ehrungen haben Perelman noch nie etwas bedeutet. 1996 verlieh ihm die Europäische Mathematische Gesellschaft einen Preis – oder besser: Sie wollte es. Anatoli Vershik vom Steklov-Institut in St. Petersburg hatte Perelman für die Auszeichnung vorgeschlagen. Doch wenn er gemeint hatte, dass er Perelman damit einen Dienst erweisen würde, hatte er sich getäuscht. Perelman schlug den Preis aus. In einem Bistro in Paris erzählt Vershik, wie Perelman seine Weigerung begründete: «Meine Arbeit ist noch nicht abgeschlossen und daher nicht preiswürdig.» Vershik versuchte zu beschwichtigen: «Die Jury hat entschieden, dass die Arbeit preiswürdig ist. Das ist nicht dein Problem.»

Doch Perelman liess sich nicht überzeugen. Nun wollte er wissen, wer die Mitglieder dieser Jury seien. Als Vershik auch diesem Wunsch nachkam, sagte Perelman kurzerhand, dass die Juroren von seiner Arbeit nichts verstünden und der Preis blosse Effekthascherei sei. Alle weiteren Versuche, ihn zur Annahme der Ehrung zu bewegen, blieben fruchtlos.

Perelman entstammt einer jüdischen Familie aus St. Petersburg und besuchte dort das Lyceum 239, eine Schule für mathematisch besonders talentierte Schüler. Nach Beendigung der Mittelschule wurde Perelman trotz einem damals für jüdische Studenten herrschenden Numerus clausus an der Staatsuniversität von St. Petersburg aufgenommen, wo er Mathematik studierte. Nach dem Doktorat trat er eine niederrangige und schlecht bezahlte Forschungsstelle an der Abteilung für Geometrie und Topologie am Steklov-Institut der russischen Akademie der Wissenschaften an. Doch so talentiert er sich in seinem Fach zeigte, so schwierig präsentierte sich der junge Mathematiker schon damals im persönlichen Umgang. Sein Vorgesetzter Yuri Burago und er wechseln heute kein Wort mehr miteinander. Sie hatten sich aus irgendeinem persönlichen Grund zerstritten. Über den Anlass dafür will sich Burago nicht äussern. «Unsere Differenzen hängen mit Perelmans schwierigem Charakter zusammen», sagt er. «Bekanntlich ist das ja bei genialen Menschen oft der Fall.»

1993 erhielt er eine zweijährige Stelle als Postdoktorand an der Universität Kalifornien in Berkeley, wo er mit dem American Way of Life Bekanntschaft machte. Er besass eine ganze Reihe von Prinzipien, von denen er sich nie abbringen liess und die ihn in der amerikanischen Gesellschaft zum Aussenseiter machten. Einmal traf er in einem Supermarkt in Berkeley einen Kollegen aus Israel, Zlil Sela, den er von früher her kannte. Er nahm den eben erst in Kalifornien angekommenen Israeli zur Seite und redete eine halbe Stunde lang beharrlich auf ihn ein.

Thema seiner Predigt: Autos seien unnötig, sollten vermieden werden, und Sela solle sich auf keinen Fall eines kaufen. Sela verbrachte die nächsten zwei Jahre in Berkeley und erlebte Perelman als zugänglichen Kollegen, der sich intensiv, aber nicht ausschliesslich mit Mathematik befasste. Er sei an vielem interessiert und durchaus nicht unkommunikativ oder unsozial gewesen. «Von mir wollte er insbesondere Informationen über die politischen Vorgänge in Israel haben, da sein Vater dorthin ausgewandert war», berichtet Sela. Seiner Abneigung gegen Autos entsprechend, ging Perelman meistens zu Fuss, seine Bücher auf dem Rücken tragend. Die Haare trug er lang, die Fingernägel liess er ungeschnitten. Dies war nicht einfach eine Marotte, sondern entsprach seiner Überzeugung, dass die Natur Haarschnitt und Nagelpflege nicht vorgesehen habe.

Perelman lebte sehr bescheiden, ging meist in den gleichen Kleidern herum und sparte, wo er konnte. «Einen Teil seines Stipendiums sandte er zur Unterstützung seiner Mutter nach St. Petersburg», erklärt Sela. «Den Rest sparte er sich für spätere Zeiten.»

Einmal brachte ihn seine Sparsamkeit fast in ernste Schwierigkeiten. Er war mit einem deutschen Kollegen in Berkeley unterwegs, als ein Strassenräuber die beiden mit vorgehaltener Waffe zur Herausgabe ihres Bargelds aufforderte. Während der Kollege ruck, zuck sein Geld herausrückte, kramte Perelman umständlich nach seiner Brieftasche. Der Räuber, der die Klauberei nicht abwarten wollte, machte sich aus dem Staub, und Perelman konnte sein Geld behalten.

Am Internationalen Kongress der Mathematiker trat Perelman letztmals 1994 auf. In Zürich hielt er damals einen viel beachteten Vortrag. Kurz danach verabschiedete sich der Mathematiker für die nächsten Jahre von der Öffentlichkeit. In Berkeley hatte er sich für die Vermutung Poincarés zu interessieren begonnen. Eigentlich lag dieses Problem nicht in seinem bisherigen Forschungsbereich. Sela kennt den Grund der damaligen Richtungsänderung. «Er war sich seiner Fähigkeiten bewusst und hatte nach einem Problem gesucht, das seinem Talent entsprechen würde.» Ein 90 Jahre altes Rätsel, an dem sich viele erstrangige Mathematiker erfolglos die Zähne ausgebissen hatten, erschien ihm da gerade richtig. Bei Kollegen informierte er sich über die bisherigen Versuche, sagte aber niemandem, wieso er sich plötzlich diesem Thema zuwandte.

Als das Ende seiner Postdoktorandenzeit näher rückte, erhielt Perelman Angebote erstklassiger Universitäten, unter anderem von Princeton und Stanford. Aber er lehnte alle Offerten ab und kehrte in seine Heimat zurück. Erneut am Steklov-Institut, begann er sich ernsthaft mit Poincarés Vermutung zu befassen. Während sechs Jahren arbeitete er allein, ohne jemanden in sein Geheimnis einzuweihen. Ab und zu sandte er E-Mails mit spezifischen Fragen an Kollegen. Er lebte jetzt endgültig das Leben eines Einsiedlers. Einige Wintermonate verbrachte er mutterseelenallein in einer Datscha eines Freundes. Dieser kam bloss ab und zu, um Nahrungsmittel und Heizmaterial zu bringen. Perelman kam die Ungestörtheit in der bitterkalten Einöde gerade recht, denn er musste keinen Unterricht geben und hatte auch keine andern Verpflichtungen.

Im Herbst 2002 und im Frühling 2003 war es so weit. Ohne dass irgendein Experte sein Werk überprüft oder auch nur gelesen hatte, war Perelman überzeugt, dass er Poincarés Vermutung bewiesen hatte. Er setzte drei Arbeiten ins Internet, und die Nachricht verbreitete sich wie ein Lauffeuer: nicht nur habe er Poincarés Vermutung bewiesen, sondern ein noch viel ambitiöseres Programm des Amerikaners William Thurston zu Ende geführt.

Die besten Experten auf der ganzen Welt machten sich daran, Perelmans Arbeiten aufs Genauste zu prüfen. In den Jahren, die seitdem vergangen sind, konnte niemand auch nur einen einzigen gravierenden Fehler finden. Der Mathematiker Richard Hamilton von der Columbia-Universität, der die wichtigste Vorarbeit zum Beweis von Poincarés Vermutung geleistet hat und zusammen mit Kollegen Perelmans Arbeit untersucht, sagte noch im Juni 2006: «Wir erwarten keine Probleme. Aber wir wollen uns ganz sicher sein, bevor wir eine offizielle Erklärung abgeben.»[1]

Die Organisatoren der Mathematikerkonferenz hofften, dass dies in Madrid geschehen würde. Sie wurden nicht enttäuscht. Drei Expertenteams bestätigten, dass Perelmans Beweis keine Fehler oder Lücken aufwies, und Poincarés Vermutung konnte in Madrid zu Poincarés Theorem erhoben werden.

---

1 Siehe auch Seiten 38–49.

Reines und Angewandtes

Vom Punkt zur Pünktlichkeit

Die offizielle Bahnhofsuhr der SBB ist ein Wahrzeichen der Schweizer Pünktlichkeit. Aber immer wieder fragen sich Reisende, wieso der Sekundenzeiger dieser so präzisen Uhr bei jeder vollen Minute während etwa zwei Sekunden stehen bleibt. Technisch wird die Sachlage mit der Notwendigkeit erklärt, allenorts den Gleichtakt zu wahren. Um sicherzustellen, dass die Uhren an allen Bahnhöfen exakt und zuverlässig die gleiche Zeit anzeigen, hatte sich der Elektroingenieur Hans Hilfiker in den 1940er-Jahren einen Trick ausgedacht. Er beschleunigte den Sekundenzeiger während der Umrundung des Zifferblattes ein wenig und stoppte ihn dafür bei Erreichen der Zwölf. Ein von einer zentralen Steuerung ausgesandter Stromstoss bewirkt dann, dass die Zeiger auf allen Bahnhofuhren gleichzeitig weiterlaufen.

Für Mathematiker gibt es jedoch noch eine andere Erklärung für den Sekundenstopp. Sie hat zwar auch mit Präzision und Pünktlichkeit zu tun, geht aber über das Technische hinaus.

Der SBB-Fahrplan besagt, dass täglich um 8 Uhr 04 ein Zug vom Hauptbahnhof Zürich nach Luzern abfährt. Ob der Zug pünktlich den Bahnhof verlässt, ist aber eine

Frage der Definition. Im Allgemeinen wird «pünktlich» definiert als der Moment, da der Sekundenzeiger genau nach oben zeigt. Aber da stellt sich sofort die weitere Frage, wie der Begriff des Moments definiert werden soll. Um diesem Problem auf den Grund zu gehen, müssen sich Mathematiker auf das Gebiet der sogenannten Masstheorie begeben.

Als der Deutsche Georg Cantor (1845–1918) die Mengenlehre entwickelte, stellte sich die Frage nach der sogenannten Mächtigkeit von Punktmengen, zum Beispiel von Mengen der rationalen oder der irrationalen Zahlen. (Rationale Zahlen lassen sich als Brüche darstellen. Mit irrationalen Zahlen wie der Zahl Pi geht das nicht.) Von beiden Arten von Zahlen gibt es unendlich viele, aber sind die Mengen deswegen auch gleich mächtig? Das geeignete Hilfsmittel zur Beantwortung solcher Fragen lieferte Henri Léon Lebesgue (1875–1941) zu Anfang des 20. Jahrhunderts. Der von ihm eingeführte Begriff des Masses weitete die herkömmlichen Vorstellungen von Länge, Fläche und Volumen auf Punktmengen aus. So wie sich Längen von Strecken summieren lassen und angegeben werden kann, ob eine Fläche grösser ist als eine andere, lassen sich auch die Lebesgue-Masse verschiedener Punktmengen addieren und vergleichen. Ein Abschnitt auf der Zahlengerade, der nur eine einzige Zahl umfasst, besitzt nach Lebesgue das Mass null. Die volle Menge der Zahlen – aber nicht nur sie, wie wir sogleich sehen werden – besitzt das Mass eins. Durch die Einführung der Masstheorie konnten Techniken der modernen Mathematik, wie die Integration, auf ein solides Fundament gestellt werden.

Die Masstheorie besagt zum Beispiel, dass es beim Herausgreifen einer Zahl aus der Zahlengerade unmöglich ist, genau die Zahl 0,25 zu treffen. Immer wird man ein ganz klein wenig danebengreifen und entweder zu weit links liegen, etwa bei 0,249999 …, oder zu weit rechts, zum Beispiel bei 0,250001 … Ein einzelner Punkt hat eben das Mass null. Da die Summe von Nullen wiederum null ist, folgt, dass eine Ansammlung von Punkten – auch von unendlich vielen – ebenfalls das Mass null hat. Die Gesamtheit aller rationalen Zahlen (Brüche) besitzt somit das Mass null.

Auf die Wahrscheinlichkeitslehre übertragen bedeutet dies, dass die Chance, mit einem Wurfpfeil einen rationalen Punkt auf der Zahlengerade zu treffen, gleich null ist. Der Wurfpfeil fällt mit 100-prozentiger Sicherheit auf eine irrationale Zahl. Dies impliziert, dass die Menge der irrationalen Zahlen das Mass eins besitzt. Ein für Uneingeweihte widersinnig scheinendes Resultat ist, dass die Zahlenmenge, die nach Entfernung der unendlich vielen rationalen Zahlen übrig bleibt, immer noch «fast alles» enthält.

Kehren wir zurück zur Bahnhofsuhr. Die Zahlengerade entspricht dem Kreis auf dem Zifferblatt, und die «12» hat – wie wir nun wissen – das Mass null. Dies bedeutet, dass der unendlich kurze Moment, da der Sekundenzeiger genau auf diesen Punkt zeigt, ebenfalls das Mass null besitzt. Fazit dieser mathematischen Tatsache ist, dass sich der Zug mit 100-prozentiger Sicherheit nicht präzise um 8 Uhr 04 in Gang setzen kann. Damit trotzdem eine pünktliche Abfahrt möglich wird, muss also ein Intervall angegeben werden. Dies gelingt mit Hilfikers genialem Trick. Durch die Beschleunigung und anschliessende Arretierung des Sekundenzeigers wird die zwei Sekunden lange Pause als Pünktlichkeitsintervall für 8 Uhr 04 definiert.

Ob der Zug tatsächlich rechtzeitig abfährt, ist damit noch nicht gesagt, aber wenigstens ist die Pünktlichkeit in den Bereich des mathematisch Möglichen gerückt.

Körper in vier Dimensionen

In zwei Dimensionen – zum Beispiel auf einem Blatt Papier – gibt es unendlich viele Vielecke mit identischen Seiten und Winkeln. Beispiele sind das gleichseitige Dreieck, das Quadrat oder das reguläre Siebzehneck. In drei Dimensionen existieren bloss noch fünf Objekte, deren Kanten, Winkel und Seiten alle gleich sind. Es sind dies die sogenannten platonischen Körper Tetraeder, Würfel, Oktaeder, Dodekaeder und Ikosaeder (mit vier, sechs, acht, zwölf und 20 Seitenflächen). Aber Mathematiker hören bei drei Dimensionen noch lange nicht auf, der richtige Spass beginnt für sie bei höherdimensionalen Räumen.

Im vierdimensionalen Raum wird alles um eine Dimension angehoben. Neben Ecken, Kanten und Seiten besitzen vierdimensionale Objekte auch noch dreidimensionale Zellen. So wie die Seitenflächen eines Würfels Quadrate sind, wird nämlich ein vierdimensionales Objekt von dreidimensionalen Körpern begrenzt. Diese Tatsache findet ihren Niederschlag in den Fachbegriffen. Vielecke werden nach dem griechischen Wort für viele Winkel Polygone genannt, Vielflächner sind Polyeder, vierdimensionale, durch Körper begrenzte Objekte heissen Polychora, und noch höherdimensionale Objekte gelten als Polytope.

Wie viele reguläre Polychora und Polytope gibt es? Sind es unendlich viele wie in zwei Dimensionen oder genau fünf wie im dreidimensionalen Raum? Weder noch! Im vierdimensionalen Raum existieren genau sechs Körper, die identische Kantenlängen, Winkel, Seitenflächen und Seitenzellen aufweisen. Es sind dies die Körper, die von 5, 8, 16, 24, 120 oder 600 regulären dreidimensionalen Zellen begrenzt werden. Zum Beispiel wird das Pentachoron von fünf Tetraedern, das Oktachoron von acht Würfeln, das 120-zellige Polychoron von 120 Dodekaedern begrenzt. In noch höheren Dimensionen reduziert sich die Anzahl regulärer Körper noch einmal. In fünf-, sechs- und allen höherdimensionalen Räumen existieren jeweils bloss drei reguläre Polytope: das Simplex, das Orthoplex und der Hyperwürfel.

Diese überraschenden Ergebnisse hatte der Schweizer Mathematiker und Philologe Ludwig Schläfli (1814–1895), der als einer der Begründer der höherdimensionalen Geometrie gilt, schon 1852 bewiesen. Zu seinen Lebzeiten blieb sein Werk jedoch grösstenteils unbekannt, denn seine Resultate wurden erst 1901, sechs Jahre nach seinem Tod, veröffentlicht.

In den 1970er- und 1980er-Jahren fanden der aus Kroatien stammende Mathematiker Branko Grünbaum und der Engländer Harold S. M. Coxeter, dass ausser den sechs bekannten Polychora noch zwei weitere vierdimensionale Körper existieren, deren Bauteile (Kanten, Winkel usw.) identisch sind und die deshalb im weiteren Sinne zu den regulären Vielzellern gezählt werden dürfen. Wenn man nämlich auch Zellen zulässt, deren Inneres und Äusseres wie bei Möbius-Bändern identisch sind, dann gibt es auch regelmässige Elfzeller und 57-Zeller.

Diese Körper übersteigen unser Vorstellungsvermögen. Und doch gelang es zwei Wissenschaftern, Teile des Elfzellers grafisch darzustellen. Jaron Lanier, ein Computerwissenschafter, und der an der University of California in Berkeley wirkende Schweizer Physiker Carlo Séquin stellten fest, wie das sogenannte vierdimensionale Hendekachoron, der Elfzeller, konstruiert werden kann.

Die Anleitung zum Bau illustriert, wie Geometer bei ihrer Arbeit vorgehen. Die Konstruktion beginnt in drei Dimensionen mit einem 20-seitigen Ikosaeder, der in zwei identische Hälften geteilt wird. Insgesamt benötigt man elf solche halbierte Ikosaeder. Jede der Hälften wird nun so verformt, dass sich jeweils zwei gegenüberliegende Kanten berühren. Auf diese Weise entstehen elf geschlossene Körper mit je zehn Flächen. Die Seiten dieser Zellen müssen nun derart aneinandergeklebt werden, dass jede Zelle genau eine Seitenfläche mit jeder andern Zelle gemeinsam hat. Da die halben Ikosaeder dazu teilweise umgestülpt werden und sich gegenseitig durchdringen müssen, ist das in drei Dimensionen unmöglich. In der vierten Dimension aber geht es – man erhält dann einen Elfflächner, den Hendekachoron.

Lanier und Séquin stellten ihre Konstruktionsmethode im Mai 2007 an einer Tagung der Internationalen Gesellschaft für Kunst, Mathematik und Architektur in Texas vor. Ihr Ziel war es, einen visuellen Eindruck von dem Gebilde zu geben. So wie aus einem dreidimensionalen Würfel horizontal eine Scheibe herausgeschnitten und zweidimensional als Quadrat dargestellt werden kann, sollte es möglich sein, aus dem vierdimensionalen Hendekachoron eine dreidimensionale Scheibe auszuschneiden und als Illustration wiederzugeben. So weit waren die Wissenschafter aber noch nicht. Sie präsentierten nur ein Bild, das aus fünf halb ikosahedralen Zellen besteht, die immerhin einen Teil des Hendekachorons bilden.

Mathematik in hohen Dimensionen

Im Gegensatz zu Physikern und Biologen sind Mathematiker nicht gerade für Zusammenarbeit bekannt. Da es oft schwer ist, Kollegen abstrakte Gedankengänge mitzuteilen, solange diese noch im Entstehen sind, erarbeiten sich Mathematiker die Lösungen ihrer Probleme meist allein. Gustave Lejeune-Dirichlet (1805–1859) soll den entscheidenden Gedanken zu einem Beweis während einer Ostermesse in der Sixtinischen Kapelle gehabt haben. Der Franzose Henri Poincaré (1854–1912) schrieb, dass ihm die Antwort zu einer Frage oft im Traum komme oder wenn er gerade in einen Autobus steige. Und der emeritierte ETH-Professor Ernst Specker sagte einmal, die besten Ideen habe er in der Badewanne, ein Schicksal, das er mit Archimedes teilt.

Eine Ausnahme war das 1983 abgeschlossene Projekt zur Klassifizierung der endlichen Gruppen. Dieses Grossprojekt umfasste Hunderte von Arbeiten mit etwa 15 000 Druckseiten, an denen Dutzende von Mathematikern beteiligt waren. Eine weitere Ausnahme ist die Kooperation französischer Mathematiker in der 1935 gegründeten und heute noch aktiven Bourbaki-Gruppe, die moderne Mathematik auf eine neue Grundlage stellen möchte.

Umso bemerkenswerter ist es, wenn einmal eine gross angelegte mathematische Gemeinschaftsarbeit in Angriff genommen wird. Seit 2005 arbeiten nicht weniger als 13 über Europa und Israel verstreute Teams mit insgesamt 150 Mathematikern gemeinsam an dem von der EU finanziell unterstützten Projekt «Phänomene in hochdimensionalen Systemen». Darunter versteht man Systeme, die von vielen unterschiedlichen Variablen beeinflusst werden. Ein simples Beispiel wäre ein mit Gas gefüllter Behälter, dessen vollständige Beschreibung die Angabe der Position und der Geschwindigkeit jedes einzelnen Moleküls erfordern würde.

Hochdimensionale Systeme werden in Mathematik, Physik, Chemie, aber auch in den Bio- und Sozialwissenschaften beobachtet. Die Hoffnung ist, dass Phänomene wie zum Beispiel zufälliges Verhalten neu erklärt werden können. So wurde in den vergangenen zwei Jahrzehnten insbesondere in der statistischen Physik zunehmend deutlich, dass ein scheinbar zufallbedingtes Verhalten durch die hohe Dimensionalität des Systems entstehen kann.

Theoretische Analysen und numerische Simulationen haben mittlerweile ergeben, dass im Allgemeinen zwei charakteristische Erscheinungen auftreten, wenn die Zahl der Dimensionen eines Systems zunimmt: Eine ist das Entstehen plötzlicher Diskontinuitäten, wie zum Beispiel wenn bei genau 100 Grad Celsius Milliarden von Wassermolekülen plötzlich zu brodeln beginnen. Die andere ist die gegenseitige Anpassung der Reaktionen, wie zum Beispiel wenn Tausende von Zugvögeln plötzlich aufsteigen und auf einen gemeinsamen Kurs einschwenken.

Die Erkenntnis, dass Anpassung und Diskontinuität grundlegende Erscheinungen bei hochdimensionalen Phänomenen sind, entstand fast gleichzeitig in Wahrscheinlichkeitstheorie, Kombinatorik, Analysis, Geometrie und statistischer Physik. Da die Vertreter dieser Disziplinen aber getrennt voneinander arbeiteten, wussten die einen oft nichts von den andern. Der Austausch von Ideen war verhindert, obwohl Probleme und Lösungen oft verwandt waren. Erst in den vergangenen 20 Jahren entdeckten die Wissenschafter, dass sie an ähnlichen Fragestellungen arbeiteten und mit gleichartigen Methoden hantierten.

Somit war es an der Zeit, gemeinsam ans Werk zu gehen. Spezialisten aus den verschiedenen Fachbereichen konstituierten sich in Frankreich, England, Deutschland, Ungarn, Griechenland, Polen, Spanien, Italien, Österreich, der Ukraine und Israel in Teams. Solch ein grosses Unterfangen muss organisiert sein, insbesondere wenn es von der EU mit fast 2 Millionen Euro unterstützt wird. Also wurden Budgets erstellt, Komitees gegründet und Arbeitsabläufe festgelegt. Offiziell begann die Arbeit mit der Vertragsunterzeichnung durch die EU-Kommission am 1. November 2004. Unterdessen wurden Symposien in Toulouse, Florenz, Wien, Paris und Freudenstadt im Schwarzwald veranstaltet.

Den kleinsten Kreis um sehr viele Punkte finden

Mobiltelefonanbieter stehen immer wieder vor dem Problem, wo sie ihre Antennen aufstellen sollen, um mit möglichst wenig Abstrahlung alle Mobiltelefone in einer gewissen Umgebung zu erreichen. Die Feuerwehr muss entscheiden, wo eine Station errichtet werden soll, damit alle Häuser in ihrem Bereich innert fünf Minuten erreicht werden können. Ein Radiologe muss bestimmen, wo und mit welcher Dosis ein Patient bestrahlt werden soll, damit alle Krebszellen – aber so wenig gesunde Zellen wie möglich – zerstört werden. Spitäler, Briefträger und Artillerieoffiziere stehen vor demselben Problem: Wo soll das Zentrum eines Kreises liegen, der alle nötigen Punkte umfasst und dessen Radius so klein wie möglich ist?

Angeblich war es Archimedes (287–212 v. Chr.), der als Erster eine einfache Version des «Problems des kleinsten umschliessenden Kreises» löste. Er zeigte, wie Mittelpunkt und Radius eines Kreises konstruiert werden können, der durch die drei Ecken eines vorgegebenen Dreiecks geht.

Das allgemeinere Problem, den kleinsten Kreis zu bestimmen, der n vorgegebene Punkte umschliesst, wurde zum ersten Mal 1857 von dem englischen Mathematiker James Joseph Sylvester (1814–1897) im

Quarterly Journal of Mathematics beschrieben. 28 Jahre später schlug der schottische Mathematiker und Physiker George Chrystal (1851–1911) eine Methode zur Lösung des Problems vor: Er veröffentlichte ein «Rezept» für die schrittweise Berechnung eines solchen Kreises. Heutzutage würde man die iterative Methode des Schotten einen Algorithmus nennen, doch seine Zeitgenossen hatten noch keine Computer und mussten den kleinsten umschliessenden Kreis mühsam von Hand berechnen.

Aber auch beim Einsatz von Computern ist die Rechenzeit ein wichtiger Faktor. Wenn der kleinste umschliessende Kreis für Millionen von Punkten gesucht wird, ist es von grosser Bedeutung, ob die Rechenzeit linear, quadratisch oder exponentiell mit der Zahl der Punkte ansteigt. Und wenn die Punkte nicht nur in der Ebene liegen, sondern im drei- oder sogar höherdimensionalen Raum verteilt sind, ist die Effizienz des Programms noch wichtiger.

Der Standard, an dem sich die entsprechenden Computerprogramme messen, ist ein Algorithmus, den Emo Welzl, der heutige Leiter des Instituts für theoretische Informatik an der ETH Zürich, bereits 1991 veröffentlichte und den sein Kollege Bernd Gärtner, ebenfalls von der ETH, einige Jahre später in einem Programm implementierte. Ein etwas langsamerer, aber anschaulicher Algorithmus wurde sodann von Kenneth Clarkson von Bell Laboratories entwickelt. In einer ersten Runde wird hierbei aus der Punktemenge etwa ein Dutzend Vertreter zufällig ausgewählt. Dann wird ihr kleinster Umkreis bestimmt, was sich mit dem Computer relativ leicht bewerkstelligen lässt. In der nächsten Runde wird der kleinste Umkreis einer neuen Serie von zufällig ausgewählten Punkten bestimmt, wobei aber diejenigen Punkte, die vorher nicht zum Zug kamen, diesmal eine grössere Chance haben, ausgewählt zu werden.

So geht es einige Runden weiter. Jedes Mal erhöhen sich die Chancen der bisher nicht selektierten Punkte, in der kommenden Runde in die Auswahl zu gelangen. Punkte, die ziemlich weit ausserhalb des Zentrums liegen, haben also in den späteren Runden grössere Chancen, ausgewählt zu werden. Und siehe da: Irgendwann wird just ein Dutzend Punkte selektiert, deren kleinster Umkreis nicht nur sie selber, sondern alle Punkte umfasst. Da der kleinste, alle Punkte umschliessende Kreis nicht kleiner sein kann als der Kreis, der die Punkte dieser letzten Runde umschliesst, hat der Algorithmus das gewünschte Resultat gefunden. Dies mag zuerst wie Magie erscheinen, doch kann strikt bewiesen werden, dass der Algorithmus mit diesem Resultat enden muss.

Im Sommer 2006 verkündete Felix Friedman, Professor der Computerwissenschaften an der kleinen East Stroudsburg University in Pennsylvania, dass er eine schnellere Methode zur Berechnung des kleinsten umschliessenden Umkreises entwickelt habe. Weil der gebürtige Russe, der früher an der Sowjetischen Akademie der Wissenschaften wirkte und 1981 in die Vereinigten Staaten kam, an einer wenig bekannten Universität arbeitet, wurde er von den Organisatoren mehrerer Fachkonferenzen nicht berücksichtigt. Doch die Organisatoren der International Conference on Scientific Computing erlaubten ihm schliesslich, seinen schon vor längerer Zeit erarbeiteten Algorithmus endlich vorzustellen.

Die Rechenzeit von Friedmans Methode wächst ebenfalls linear mit der Anzahl der Punkte, soll aber schneller als Welzls Algorithmus sein. Um zum Beispiel den kleinsten umschliessenden Kreis für 28 Millionen Punkte zu finden, benötigte sein Algorithmus laut eigenen Angaben bloss fünf Sekunden, während Welzls und Gärtners mittlerweile schon in die Jahre gekommenes Programm mehr als eine Minute braucht. Allerdings ist dieser Vergleich nur bedingt gültig, da Friedman ausser experimentellen Resultaten keine beweisbaren Schranken zur Laufzeit liefert. Etwas Skepsis ist deshalb noch angebracht.

Mathematik im Dienste der Praxis

Nach dem Internationalen Kongress der Mathematiker (ICM) im Jahre 2006 in Madrid, einer vor allem der reinen Mathematik gewidmeten Veranstaltung, war es im Juli 2007 an den anwendungsorientierten Mathematikern, ihre Fachgebiete an einer Mammutkonferenz zur Schau zu stellen. Der im Vierjahreszyklus stattfindende Internationale Kongress für industrielle und angewandte Mathematik (ICIAM) wurde diesmal an der ETH und der Universität Zürich durchgeführt. Mehr als 3200 Teilnehmer machten deutlich, dass die Mathematik einen immensen Einfluss auf Forschung und Technik hat und der Vorwurf, Mathematiker sässen im Elfenbeinturm, an der Realität vorbeizielt.

Mathematiker wollen meist nichts von Unterschieden zwischen der reinen und der angewandten Mathematik wissen. Einigkeit wird beschworen, und es gilt als politisch unkorrekt, zuzugeben, dass es trotz gegenseitiger Befruchtung eine Dichotomie gibt. Und doch existiert sie. Vertreter der reinen Mathematik beweisen Lehrsätze, um neues Wissen zu generieren und Zusammenhänge zwischen abstrakten Strukturen zu erfassen, die oft einzig dem menschlichen Geist entspringen. Sie arbeiten jahrelang allein in ihrem Kämmerchen und schulden nur sich selbst Rechenschaft. Anwendungsorientierte Mathematiker befassen sich hingegen mit ganz konkreten Problemen, haben meist Auftraggeber, arbeiten in Projektgruppen, sammeln und interpretieren Daten, sind resultatorientiert und stehen unter Zeitdruck. Etwas grob gesagt geht es in der angewandten Mathematik um die Modellierung von Phänomenen. Das Ziel ist es, gewisse Abläufe besser zu verstehen oder sie zu optimieren.

Ivar Ekeland, einer der Hauptredner des Kongresses, meint, zwei separate Gemeinschaften zu erkennen. Die einen stellen sich ihre eigenen Probleme, die ihren Ursprung innerhalb der Mathematik selber haben, die andern benützen die Mathematik als Sprache, um Probleme zu lösen, die von ausserhalb der Mathematik herrühren. Sir John Ball, bis vor einem Jahr Präsident der Internationalen Mathematischen Union, ist der Ansicht, dass sich die beiden Gemeinschaften durch die Motivation unterscheiden, die ihre Mitglieder zu ihren Gebieten führte: Während Vertreter der reinen Mathematik von der Schönheit und den inneren Strukturen ihrer Forschungsgegenstände fasziniert sind, lassen sich anwendungsorientierte Mathematiker von Problemen des täglichen Lebens inspirieren. Auch Rolf Jeltsch, Direktor des ICIAM, sieht die Unterschiede in der Motivation. «Reine Mathematiker wollen sich intellektuell betätigen, angewandte Mathematiker möchten Nützliches tun.»

Was Mathematiker zum Verständnis komplizierter Vorgänge beitragen können, führte an der Konferenz Alfio Quarteroni von der ETH Lausanne exemplarisch vor Augen. Thema seines Vortrags war die Modellierung des kardiovaskulären Blutflusses. Mit Methoden aus der Geometrie und der Theorie der partiellen Differenzialgleichungen simuliert Quarteroni numerisch, wie die beim Fluss des Blutes entstehende Schwerbelastung der Gefässwände zu Herz- und Gefässerkrankungen führen kann. Ein damit verwandtes Thema ist die Wirkungsweise sogenannter Stents. Mit diesen Metallgittern werden verengte Herzkranzgefässe nach einer Aufweitung gestützt. Oft werden die Stents mit Medikamenten beschichtet, um eine Zellwucherung und damit eine erneute Verengung der Gefässe zu verhindern. Unter Berücksichtigung der elastischen Struktur der Gefässwände simuliert Quarteroni, wie sich die Geometrie dieser Metallgitter auf die Freisetzung der Medikamente auswirkt.

Ein Gebiet, in dem modelliert wird, um dann zu optimieren, ist der Strassenverkehr. Laut einer britischen Studie verursachen Verkehrsstaus im Königreich jährliche Kosten von 20 Milliarden Pfund. Selbst minime Verbesserungen in der Verkehrsführung könnten da zu enormen Einsparungen führen. An einem Mini-Symposium legten Mathematiker in Zürich dar, mit welchen Methoden sie den Verkehr auf Autobahnen zu modellieren versuchen. In Mikromodellen wird das Verhalten einzelner Fahrer simuliert, etwa durch autonome Agenten oder zelluläre Automaten. Die Variablen, die den Verkehrsfluss auf der Mikroebene bestimmen, sind die Geschwindigkeiten des eigenen und des vorausfahrenden Fahrzeugs, der Abstand zwischen den beiden, die Reaktionszeit des Fahrers, die Beschleunigung am Ende des Staus und Tendenzen zum Spurwechsel.

Makromodelle beschreiben hingegen den Verkehrsfluss als Ganzes. Hier kommen Methoden aus der Hydrodynamik zur Anwendung. Durch die Kombination von Mikro- und Makromodellen lässt sich zum Beispiel erklären, wie und mit welcher Geschwindigkeit sich Staus auf Autobahnen nach hinten ausbreiten, wenn ein Fahrer plötzlich die Spur wechselt. Schliesslich werden für die grossräumige Verkehrsplanung Mikro- und Makromodelle mit statistischen Methoden und einer Kosten-Nutzen-Abwägung gekoppelt. Eine Schlussfolgerung dieser Modelle ist, dass zur optimalen Ausnutzung der Kapazitäten einer Autobahn der Sicherheitsabstand zum Vordermann bei Menschen mit normaler Reaktionszeit nicht dem halben Tachometerstand entsprechen sollte (also bei einer Geschwindigkeit von 100 Kilometern in der Stunde etwa 50 Meter), sondern bloss einem Drittel.

Aus den Finanzmärkten ist heute die Modellierung des Risikos zur Vermeidung oder Verringerung der Unsicherheit nicht mehr wegzudenken. Einer der in die Konferenz eingebetteten «Industry Days» galt denn auch dem Risk-Management. Eine bemerkenswerte Eigenschaft der mathematischen Finanztheorie ist, dass theoretische Forschungsresultate praktisch sofort in die Realität umgesetzt werden können. Als Black und Scholes Anfang der 1970er-Jahre ihre Bewertungsformel für Optionen präsentierten, entstanden fast über Nacht Märkte für Finanzderivate.

Heutzutage benützen Investoren viele verschiedene Strategien, um Unsicherheiten unter Kontrolle zu bringen oder auf Finanzinstitute abzuwälzen. Unerlässlich sind dabei korrekte Bewertungen von Investitionen und eine Quantifizierung der Risiken sowie verlässliche Abschätzungen der Parameter – mittels statistischer Methoden oder durch sogenannte Monte-Carlo-Simulationen. Die Finanzinstrumente werden zunehmend komplexer, und ungenaue Abschätzungen der Parameter oder ein ungenügendes Verständnis der mathematischen Modelle können zu finanziellen Katastrophen führen. Zum Schutze der Anleger verlangen Überwachungsbehörden neuerdings von Finanzinstituten eine Offenlegung der Risiken, doch sind sich Fachleute noch nicht einmal einig, wie das Risiko gemessen werden soll. Ein gebräuchliches Mass ist der «Value at risk». Dieser gibt an, welchen Wert der Verlust mit einer 95-prozentigen Wahrscheinlichkeit innerhalb eines Tages nicht überschreitet.

Mehrere Vorträge in Zürich waren dem Themenkreis der algebraischen Topologie gewidmet. Dieses Teilgebiet der Mathematik, das Ende des 19. Jahrhunderts von Henri Poincaré entwickelt wurde, um Lösungen von Differenzialgleichungen qualitativ zu untersuchen, findet heute etwa in der Robotik Anwendungen. Ein Roboter kann zum Beispiel vier Füsse haben, deren Stellungen jeweils durch Positionen und Winkel definiert sind. Den numerischen Werten dieser Parameter lassen sich Punkte in einem Parameter-Raum zuordnen. Normalerweise besitzt dieser Raum eine einfache Topologie. Das ändert sich jedoch, wenn die Bewegung des Roboters gewissen Einschränkungen unterliegt.

Eine Bedingung für eine effiziente Vorwärtsbewegung könnte etwa sein, dass das linke vordere und das rechte hintere Bein parallel geführt werden oder dass sich nicht alle Füsse gleichzeitig in der Luft befinden. Diese Randbedingungen schränken die Werte der Parameter ein, sodass einige Regionen des Parameter-Raums «leer» bleiben. Eine wichtige Frage ist nun, ob der verbleibende Parameter-Raum zusammenhängend ist – das heisst, ob jeder Punkt von jedem andern Punkt aus erreichbar ist – oder ob er in separate Teile zerfällt. Trifft Letzteres zu, so gibt es keine stetige Bewegung, die von einem Zustand in den andern führt. Dass sich praktische Fragen wie diese mit dem Instrumentarium der algebraischen Topologie beantworten lassen, zeigt, dass die Grenzen zwischen der reinen und der angewandten Mathematik mitunter fliessend sind.

Die Ecken und Kanten des runden Balles

Die Spiele der Fussball-WM 2006 wurden mit dem eigens von der Firma Adidas entwickelten Fussball «Teamgeist» gespielt. Der Ball besteht aus 14 Panels und soll ganz besonders rund sein, was allerdings kein Kunststück ist, da die Panels selber schon gekrümmt vorfabriziert werden. Schwieriger ist es, aus flachen Teilen einen möglichst runden Ball herzustellen. Der traditionelle, aus 20 regelmässigen Sechsecken und zwölf regelmässigen Fünfecken zusammengenähte Fussball kam diesem Ideal recht nahe. Dieser «abgestumpfte Ikosaeder», wie er von Mathematikern genannt wird, besitzt 32 Flächen, 90 Kanten und 60 Eckpunkte.

Um neben dem «Teamgeist» mit den gekrümmten Panels auch einen modernen Fussball aus flachen Teilen herzustellen, brachte Adidas den Trainingsball F50 X-Ite auf den Markt, der aus acht gleichseitigen Dreiecken und zwölf unregelmässigen Siebenecken besteht. Vorteil dieses Balles ist, dass nicht nur die Anzahl der Panels reduziert wurde, sondern durch die neue Geometrie auch die Anzahl Eckpunkte von 60 auf 36 und die der Kanten von 90 auf 54 sank. Dadurch wurde die Herstellung einfacher und die Pannenanfälligkeit kleiner. Bei der Firma Diadora gibt es einen Fussball, der ebenfalls aus 32 Teilen besteht, aber aus zwölf Fünfecken und 20 Dreiecken. Er hat insgesamt 30 Ecken und 60 Kanten. Aber eines bleibt immer gleich: Wenn man die Zahl der Flächen zu den Eckpunkten addiert und davon die Kanten abzieht, bleibt jedes Mal 2 ($32 + 60 - 90 = 2$, $20 + 36 - 54 = 2$ und $32 + 30 - 60 = 2$).

Dies ist kein Zufall. Mit gewissen Ausnahmen, auf die wir noch zu sprechen kommen werden, erfüllen nicht nur Fussbälle, sondern alle Körper mit geraden Kanten diese Gleichung. Der grosse Basler Mathematiker Leonhard Euler (1707–1783) hatte dies schon ein Vierteljahrtausend vor der WM bemerkt. Zum Beispiel hat ein Würfel sechs Flächen, acht Eckpunkte und zwölf Kanten. Die Pyramiden von Gizeh haben fünf Flächen, fünf Eckpunkte und acht Kanten. Eine Pyramide mit einer 100-seitigen Grundfläche hat 101 Flächen, 101 Eckpunkte und 200 Kanten. Auch Würfel, denen eine oder mehrere Ecken abgehackt wurden, oder zwei an der Grundfläche zusammengeklebte, siebenseitige Pyramiden erfüllen die Gleichung. Der Ausdruck «Flächen + Eckpunkte – Kanten» wird die eulersche Charakteristik der Körper genannt und ergibt für Körper wie die obigen immer 2.

Eigentlich war es der französische Philosoph René Descartes (1596–1650), der die Gleichung schon ein Jahrhundert früher entdeckt hatte. Aber sein Manuskript ging verloren, und eine Kopie wurde erst im Nachlass des Philosophen Gottfried Leibniz gefunden. Aber Euler hatte mehr kreiert als nur eine neue Gleichung. Mit seiner Formel begründete er eine gänzlich neue Forschungsrichtung, die sogenannte Topologie. In dieser mathematischen Disziplin wird untersucht, welche Körper durch Ziehen und Quetschen – aber ohne Zerreissen, Bohren oder Kleben – ineinander verwandelt werden können. Zum Beispiel kann ein Ei in eine Pyramide, ein Würfel in einen Ball übergeführt werden. Aber der abgestumpfte Ikosaeder kann nicht in einen Torus (einen Autoreifen) verwandelt werden, ohne dass ein Loch durch den Körper gebohrt würde.

1794 untersuchte Adrien-Marie Legendre (1752–1833) Eulers Formel für verschiedene Körper noch einmal und wurde stutzig. In der Cheopspyramide etwa befindet sich eine würfelförmige Grabeskammer. Somit hat das Gebilde total elf Flächen, 13 Eckpunkte und 20 Kanten, und die eulersche Formel ergibt für die Cheopspyramide die Charakteristik 4. In seinem Eifer hatte Euler offenbar übersehen, dass seine Formel nur für diejenigen Körper die Zahl 2 ergibt, die keine Deformitäten wie Hohlräume, Beulen oder Bohrungen aufweisen. Tun sie es dennoch, muss die Formel angepasst werden.

Es war wieder ein Schweizer, Simon Antoine Jean L'Huilier (1750–1840) aus Genf, der 1812 die Lösung fand. Er erkannte, dass Ein- und Ausbuchtungen, Tunnels und Hohlräume in die Formel einbezogen werden müssen. Ein Jahr später (1813) entwickelte der Franzose Augustin Louis Cauchy (1789–1857) die Formel noch ein Stück weiter, indem er auch innere Trennwände des Körpers in Betracht zog.

Am prominentesten unter den Deformitäten ist die Anzahl der Löcher des Körpers. Sie wurde fortan dessen «Genus» genannt. Ein Autoreifen hat den Genus 1, eine

Schere den Genus 2, eine Brezel den Genus 3. Die Topologie besagt, dass Körper mit dem gleichen Genus durch Dehnen und Quetschen ineinander verwandelt werden können. Der Schluss gilt auch umgekehrt: Alle Körper, die ineinander verwandelt werden können, müssen den gleichen Genus haben. Somit ist der Genus das, was die Mathematiker eine Invariante nennen: Er verändert sich nicht, auch wenn ein Körper gedrückt, gedehnt oder gedreht wird.

Laut den Regeln der Topologie können auch die runden Panels des «Teamgeist» in die eckigen des traditionellen Fussballs verformt werden. So war die Schweiz zumindest durch Euler und L'Huilier auf dem Rasen vertreten, auch wenn unsere Nationalmannschaft den Final nicht erreichte.

Zufälliges

Die Rolle des Zufalls in der Mathematik

Es liegt im Wesen grosser Konferenzen, dass sie eine fast unüberschaubare Vielfalt an Themen bieten. Das war am Internationalen Kongress der Mathematiker im August 2006 in Madrid nicht anders. Und doch gab es ein Thema, das dem Kongress seinen Stempel aufdrückte: der Zufall. Nicht nur wurden zum ersten Mal Fields-Medaillen für Arbeiten verliehen, in denen Zufall und Wahrscheinlichkeitstheorie eine zentrale Rolle spielen. Auch sonst kam das Thema in vielen Vorträgen zur Sprache. Dabei wurde deutlich, dass der Zufall in der Mathematik ganz unterschiedliche Rollen spielt.

So machen sich Kombinatoriker die Zufälligkeit für Existenzbeweise zunutze. Da die Konstruktion mathematischer Objekte, die bestimmte Besonderheiten aufweisen, oft schwierig ist, geben sich Mathematiker oft schon mit dem Nachweis zufrieden, dass es diese Objekte überhaupt gibt. Wie Luca Trevisan von der University of California in Berkeley darlegte, genügt dazu manchmal der Beweis, dass ein zufällig aus der Menge von Objekten herausgegriffenes Element die gesuchte Eigenschaft mit einer gewissen Wahrscheinlichkeit besitzt.

Ein anderes Beispiel betrifft die Computerwissenschaften. Dort sind auf Zufallszahlen beruhende, probabilistische Algorithmen oft effizienter als deterministische, wenn man bereit ist, eine kleine Fehlerwahrscheinlichkeit zuzulassen. Als Beispiel führte Avi Wigderson vom Institute for Advanced Study in Princeton in einem Plenarvortrag am Kongress in Madrid die Verifizierung von Primzahlen an. Um zu überprüfen, ob eine Zahl nur durch sich selbst und durch eins teilbar ist, gibt es zwar Algorithmen, doch die sind sehr zeitraubend. Akzeptiert man eine Fehlerwahrscheinlichkeit, die beliebig klein gemacht werden kann, können zur Verifizierung effiziente, auf Zufallszahlen beruhende Algorithmen eingesetzt werden.

Auch Terence Tao, einer der vier Gewinner der Fields-Medaillen des Jahres 2006, stellte die Zufälligkeit in den Mittelpunkt seiner Ausführungen. Dabei nahm er den Standpunkt eines Meta-Mathematikers ein und betrachtete den Einfluss, den die Zufälligkeit auf alle Gebiete der Mathematik ausübt. Sein Vortrag über die «Dichotomie zwischen Struktur und Zufälligkeit» zeigte, wie in Unterdisziplinen dieser Wissenschaft trotz allen Unterschieden auf ähnliche Weise vorgegangen wird. Gleichzeitig gab er einen Einblick in die Arbeitsweise der Mathematiker.

Die Räume, in denen sich die Gegenstände befinden, mit denen man sich etwa in der Mengenlehre, der Kombinatorik oder der Physik beschäftigt, besitzen manchmal so viele Dimensionen, dass sie sich der Analyse entziehen. Um trotzdem weiterzukommen, formulieren Mathematiker oft die Arbeitshypothese, dass der Gegenstand aus einer Überlagerung strukturierter (deterministischer) und zufälliger Komponenten beruht. So besteht ein Signal in der Nachrichtentechnik aus reiner Information, die von Rauschen überlagert ist. Und wirtschaftliche Zeitreihen sind sowohl von ökonomischen Faktoren als auch von zufälligen Schwankungen beeinflusst.

Der hochdimensionale Raum lässt sich laut dieser These in zwei Unterräume separieren, die getrennt und mit unterschiedlichen Mitteln untersucht werden können. Der eine, der die deterministischen, strukturierten Komponenten umfasst, kann algebraisch und geometrisch analysiert werden. Der andere Raum, der die zufälligen Komponenten enthält, wird mit den Werkzeugen der Analysis und der Wahrscheinlichkeitsrechnung untersucht.

Dabei müsse, wie Tao betonte, zwischen echt zufälligen und pseudozufälligen Phänomenen unterschieden werden. Denn auch Objekte, die zufällig scheinen, können eine versteckte Struktur besitzen. Als Beispiel nennt er die Zahl Pi. Die Verteilung der Ziffern 0 bis 9 erfüllt alle bekannten statistischen Kriterien der Zufälligkeit, und trotzdem handelt es sich um eine streng strukturierte, weil durch die Zahl Pi determinierte Ziffernfolge. Da es zurzeit kein Prüfverfahren zur Bescheinigung echt zufälliger Prozesse gibt, spricht Tao durchgehend von Pseudo- oder Scheinzufälligkeit.

In ihrer Arbeit kommt Mathematikern ein weiteres Prinzip zugute. Bei der Analyse des nicht deterministischen Unterraums können die zufälligen Elemente meist auf ihre Summen, Integrale und Durchschnittswerte reduziert werden. Deshalb sind sie oft vernachlässigbar. Zur Untersuchung des mathematischen Objekts muss dann nur noch der kompakte Raum niedrigerer Dimension analysiert werden, der die deterministischen Strukturen enthält. Alles andere kann in Mittelwerten oder Termen, die die Fehlergrössen enthalten, zusammengefasst werden.

Zusammengenommen erlauben die beiden genannten Prinzipien – Objekte entstehen aus der Überlagerung deterministischer und zufälliger Komponenten, Zufallskomponenten können vernachlässigt werden – einen Zugang, der sich auf das Wesentliche konzentriert. So reduziert sich die Signalverarbeitung auf die Analyse der Information, die nach der Unterdrückung des Rauschens übrigbleibt. Und bei der Arbeit mit partiellen Differenzialgleichungen dürfen sich Mathematiker oft auf die Analyse gewisser Grenzzyklen beschränken, auf die sich ein System zubewegt; anfängliche Schwankungen dürfen ignoriert werden. Tao und Ben Green machten sich die beiden Prinzipien in der Zahlentheorie zunutze. Nach der Entfernung pseudozufälliger und deshalb vernachlässigbarer Elemente aus der Folge der Primzahlen gelang es ihnen, eine gewisse Regelmässigkeit herauszuschälen. Dies ermöglichte den Beweis ihres berühmten Theorems, dass die Primzahlen beliebig lange arithmetische Folgen enthalten.

Der Zufall führt manchmal auch ans Ziel

Was haben Filterkaffee und das Herumtorkeln eines Betrunkenen mit höherer Mathematik zu tun? Mehr als man meinen würde, wie die Arbeit des ETH-Professors Alain-Sol Sznitman zeigt. Der Mathematiker forscht an der Theorie der Zufallswege und der exotisch tönenden Perkolationstheorie, die sich mit der Struktur von mathematischen Gittern befasst. Ein Gitter ist eine Menge von Punkten, die zum Teil mit ihren Nachbarpunkten verbunden sind und damit den Durchweg blockieren, zum Teil aber einen freien Kanal offenlassen.

Mathematiker stellen sich die Frage, ob es trotz der Blockierungen einen offenen Weg gibt, der von einem Ende des Gitters zum andern führt. Die Situation kann mit dem Durchsickern des Wassers durch einen mit Kaffeepulver gefüllten Filter verglichen werden. Hier sind es die Kaffeekörner, die das Gitter bilden und zwischen denen offene Kanäle hindurchführen oder auch nicht.

Die Antwort auf die Frage der Perkolation (Gibt es einen Weg durch das Gitter?) hängt von der Wahrscheinlichkeit ab, dass zwischen je zwei benachbarten Gitterpunkten ein offener Kanal besteht. In den 1980er-Jahren wurde bewiesen, dass es jeweils dann einen Weg durch das Gitter gibt, wenn diese Wahrscheinlichkeit mehr als 50 Prozent beträgt. Ist die Wahrscheinlichkeit kleiner, so ist der Filter verstopft.

Angenommen, wir haben es mit einem Gitter zu tun, in dem es einen durchgehenden Weg gibt. Dann stellt sich als weiteres Problem die Frage, ob ein zufällig eingeschlagener Weg durch dieses Gitter ans Ziel führt oder in einer Sackgasse endet. Das Strassenlabyrinth zwischen einer Bar und dem Zuhause kann man sich als ein solches Gitter vorstellen. Die Zickzackroute des Betrunkenen entspricht einem Zufallsweg auf diesem Gitter. Führen ihn seine zufällig nach links, rechts, vor und zurück gesetzten Schritte nach Hause? Und wenn ja, wie lange dauert diese Odyssee?

Für den Fall, dass Bar und Heim an der gleichen Strasse liegen und der Weg nicht blockiert ist, kann man beweisen, dass der Betrunkene irgendwann zu Hause ankommt. Aber Adressen befinden sich meist nicht entlang einer eindimensionalen Strecke, sondern auf einer zweidimensionalen Strassenkarte, und das Kaffeepulver ist nicht auf einem zweidimensionalen Gitter verteilt, sondern in einem dreidimensionalen Raum. Da werden die Antworten auf die gestellten Fragen viel schwieriger. Erstaunlicherweise ist zum Beispiel nicht einmal bekannt, bei welcher Wahrscheinlichkeit die Perkolation, das Durchsickern des Wassers also, im dreidimensionalen Raum beginnt.

Auf ein verwandtes Problem stiess der ETH-Forscher Sznitman durch die Frage eines Physikers: Man stelle sich eine Termite vor, die sich durch einen Holzbalken fresse. Völlig zufällig wandert sie manchmal nach oben, manchmal nach unten, nach links oder nach rechts, vorwärts oder rückwärts. Die Frage des Physikers war, wie lange es dauert, bis sich die Termite so weit durch den Balken gefressen hat, dass dieser in zwei separate Teile auseinanderfällt. Dies kann nur dann geschehen, wenn die Termite den gesamten Querschnitt des Balkens durchfrisst. Die durchgefressenen Teile müssen allerdings nicht in einer Ebene liegen, sondern können über einen längeren Abschnitt des Balkens verteilt sein. Alain-Sol Sznitman und sein Kollege Amir Dembo von der Universität Stanford haben berechnet, dass die zum Durchfressen benötigte Zeit mindestens mit dem Quadrat der Querschnittsfläche wächst. Bei einem doppelt so grossen Querschnitt ist die Termite also mindestens viermal so lange beschäftigt.

In seiner jüngsten Arbeit betrachtet Sznitman ein Problem, das man mit dem Weben eines Stoffs vergleichen kann. Ein Weber schiebt den Faden jeweils auf gerader Linie durch den Webrahmen. Je öfter er dies tut, desto engmaschiger wird der Stoff. In seinem theoretischen Modell lässt Sznitman die Fäden auf einem zickzackförmigen Zufallsweg durch den Webrahmen laufen, ähnlich den ungeordneten Fasern eines Filzes. Nun stellt Sznitman die Frage, wie viele zufällige verlaufende Fäden es braucht, damit der Filz zusammenhält und nicht in mehrere Teile zerfällt. Falls im Material offene Kanäle verbleiben, fiele es auseinander. In zwei und drei Dimensionen geben Perkolationsmodelle und die Theorie der

Zufallswege Aufschluss über viele Phänomene, zum Beispiel über die Struktur von Kristallen, die Ausbreitung von Epidemien oder von Waldbränden. Um die Sache mathematisch noch interessanter zu machen, befasst sich Sznitman mit höherdimensionalen Systemen, für die es allerdings noch keine praktischen Anwendungen gibt.

Computerwissenschaft

Auszeichnung für die Erforschung des WWW

A nlässlich der Internationalen Mathematikerkonferenz im August 2006 in Madrid ist der alle vier Jahre vergebene Nevanlinna-Preis an den Amerikaner Jon Kleinberg verliehen worden. Der Preis wird von der International Mathematical Union (IMU) für hervorragende mathematische Leistungen auf dem Gebiet der Informationswissenschaften – Computerwissenschaft, wissenschaftliches Rechnen, Signalverarbeitung, künstliche Intelligenz – verliehen. Der Nevanlinna-Preis gilt als eine der wichtigsten Auszeichnungen der Computerwissenschaften. (Für Leistungen im Bereich des Software Engineering wird von der Association for Computing Machinery seit 1966 alljährlich der Turing Award vergeben.)

Kleinberg wurde von der IMU für seine Beiträge zum Verständnis und zu einer besseren Verwaltung der zunehmend vernetzten Welt geehrt. Seine Arbeiten umfassen Beiträge zur Analyse von Netzwerken und Datenstrukturen. Im Weiteren erwähnte die Laudatio Kleinbergs tiefschürfende Beiträge zu den Auswirkungen moderner Technologie auf soziale, wirtschaftliche und politische Aspekte des täglichen Lebens.

Kleinbergs grundlegende Fortschritte in der Erforschung der ungeplanten, immerzu sich verändernden

Struktur des World Wide Web kamen zum Beispiel bei der Entwicklung von Suchmaschinen zur Anwendung. In früheren Zeiten konzentrierten sich Suchmaschinen jeweils auf den Inhalt einzelner Webseiten. Kleinbergs Beitrag war es, die Struktur der Verweise zum besseren Verständnis der Information im World Wide Web heranzuziehen.

Kleinberg klassifizierte Webseiten in zwei Kategorien: Drehscheiben, die auf viele Webseiten verweisen, und Autoritäten, auf die ihrerseits häufig verwiesen wird. Das Problem ist, dass die meisten Webseiten Charakteristiken beider Kategorien aufweisen. Kleinberg gelang es, diese Verweisstruktur mathematisch zu analysieren, wodurch die Entwicklung von Algorithmen für die Bewertung von Webseiten möglich wurde.

Ein weiterer Themenkreis, mit dem sich Kleinberg intensiv befasste, ist das «Kleine Welt-Phänomen». In den 1960er-Jahren hatten Soziologen herausgefunden, dass typischerweise bloss wenige Schritte in einem Netzwerk nötig sind, um von jedem Knotenpunkt zu jedem andern zu gelangen. Kleinberg untersuchte, wie der kürzeste Weg zwischen weit entfernten Knotenpunkten gefunden werden kann, wenn Informationen nur über die lokalen Gegebenheiten zur Verfügung stehen. Unter anderem bewies er, dass effiziente Algorithmen zur Suche nach kürzesten Wegen genau dann existieren, wenn die Wahrscheinlichkeit, dass es zwischen zwei Knotenpunkten einen direkten Link gibt, mit dem Quadrat der Entfernung abnimmt. Bekannt sind auch die von Kleinberg entwickelten Methoden zur Auffindung von benachbarten Punkten in vieldimensionalen Räumen. Diese Algorithmen werden zum Beispiel benutzt, um die inhaltliche Verwandtschaft von Dokumenten zu bewerten. Dabei wird jedes Dokument als Punkt in einem vieldimensionalen Raum betrachtet.

Der US-Forscher beschränkt sich nicht auf die theoretische Erforschung von Computernetzwerken, sondern beobachtet diese Strukturen auch als Orte sozialer Interaktion. Mit dem Aufkommen des World Wide Web entstand eine neue Kommunikationskultur. Heutzutage kann jedermann als Autor eines Web-Log (Blog) ohne grosse Kosten Autor mit internationalem Publikum werden. Ein beklagenswerter Nebenaspekt dieser erweiterten Möglichkeiten der Massenkommunikation ist jedoch, dass auch das Niveau sinkt, dass persönliche Angriffe sich häufen.

Die Computertechnologie der alten Griechen

Vor 60 Jahren wurde Eniac, der erste digitale elektronische Computer der Welt, in den USA in Betrieb genommen. Da fällt es einem schwer zu glauben, dass schon die alten Griechen hoch komplexe Rechenmaschinen herstellten. Und doch scheint es damals – vor über 2000 Jahren – mechanische Apparate gegeben zu haben, mit denen Astronomen und Astrologen in der Lage waren, die schwierigen Berechnungen zur Bestimmung der Bewegungen der Himmelskörper zu vollbringen. Archimedes soll einen solchen Apparat im dritten Jahrhundert v. Chr. gebaut haben, von dem aber keine Überreste erhalten geblieben sind. Im ersten Jahrhundert n. Chr. erwähnte Cicero einen Freund namens Poseidonius, der mit einem Gerät die relativen Positionen von Sonne, Mond und den fünf damals bekannten Planeten berechnen konnte. Durch einen im Mittelmeer gefundenen Gegenstand konnte bestätigt werden, dass ein solcher Mechanismus tatsächlich existiert hat.

Das rätselhafte Gerät war 1901 von einem griechischen Schwammtaucher vor der Insel Antikythera auf einem im Jahre 80 v. Chr. gesunkenen Schiff gefunden worden. Es handelte sich um einige unscheinbare, überkrustete Teile, die in den 1970er-Jahren das Interesse des

Wissenschaftshistorikers Derek de Solla Price von der amerikanischen Universität Yale hervorriefen. Der Fund bestand aus den Überresten einer 32 x 16 x 10 Zentimeter grossen Holzschachtel, auf der ein Teil einer runden Skala, eines Zifferblattes, ausgemacht werden konnte. Solla Price untersuchte den Fund mit Gammastrahlen, die die Kalkverkrustung durchdringen konnten und etwa 30 ursprünglich aus Bronze gefertigte Zahnräder sichtbar machten.

Beim Abzählen und Schätzen der nicht mehr vollständig erhaltenen Zähne stellte sich heraus, dass die Räder in einem Verhältnis von 254 zu 19 ineinander gegriffen haben müssen, was mit einem Fehler von nur etwa 0,015 Prozent dem Verhältnis der Geschwindigkeiten von Sonne und Mond entspricht. Dies führte zu der Vermutung, dass es sich bei dem rätselhaften Gerät um einen astronomischen Computer gehandelt habe könnte, dessen Zeiger – die nicht gefunden wurden – auf der Skala die Position der Himmelskörper anzeigten. Die Erklärung erregte solches Aufsehen, dass einige Zeitgenossen allen Ernstes behaupteten, es handle sich bei dem Fund entweder um einen Scherz, oder das Gerät sei von ausserirdischen Wesen zur Erde gebracht worden.

Im Herbst 2005 unterzogen Wissenschafter der Universitäten Athen, Thessaloniki und Cardiff (England) sowie das amerikanische Unternehmen Hewlett Packard und die englische Firma X-Tek die Funde einer erneuten Prüfung. Das antike Gerät wurde mit den allerneuesten Apparaten untersucht. Da die antiken Funde wegen ihrer Brüchigkeit nicht transportiert werden durften, kamen die Experten mit hochmodernen, tonnenschweren Röntgengeräten, Computertomografen und Scannern nach Athen. Ende Mai 2006 präsentierten die Astronomen, Physiker, Mathematiker, Chemiker, Archäologen und Philologen die Resultate ihrer Auswertungen. Etwa 1000 zusätzliche Schriftzeichen konnten auf der Oberfläche der verkrusteten Holzschachtel ausgemacht werden und verliehen der Hypothese, dass es sich bei dem Fundstück um ein astronomisches Gerät gehandelt habe, weiteres Gewicht. Laut den jüngsten Erkenntnissen soll es nicht nur die Bewegungen von Sonne und Mond, sondern möglicherweise auch von Merkur, Venus, Mars, Jupiter und Saturn simuliert haben. Die Apparatur, die ursprünglich etwa 70 Zahnräder umfasst haben muss – über die Hälfte sind verloren –, wurde wahrscheinlich mit einer Kurbel von Hand angetrieben.

Obwohl man weiss, dass die Griechen Werkzeuge besassen, die zur Fabrikation von Zahnrädern geeignet gewesen wären – sie hatten Feilen, mit denen sie Sägen herstellten –, war bisher nicht bekannt, dass sie technisch derart fortgeschrittene Mechanismen auch tatsächlich realisiert hatten. Geräte von ähnlicher Komplexität sind erst aus der arabischen Welt etwa 1000 Jahre später bekannt. Seit Herbst 2006 veranstaltet das «Antikythera Mechanism Research Project» fast allmonatlich wissenschaftliche Tagungen zu dem rätselhaften Fund.

Rechnen mit Rädchen

D as 18. Jahrhundert war eine Blütezeit für die
Wissenschaft. Alles schien berechenbar: Astronomen konnten die Position der Gestirne angeben, Offiziere den Ort des Niedergangs von Artilleriegeschossen
vorhersagen, Kapitäne den Kurs ihrer Schiffe bestimmen,
Buchhalter den Zinseszins kalkulieren. Da die Kalkulationen jeweils auf schwer zu berechnenden Polynomen
beruhten – mathematische Ausdrücke, die sich aus poten-
zierten Variablen zusammensetzen –, waren Astronomen,
Offiziere, Kapitäne und Buchhalter auf Zahlentabellen
angewiesen, die – jeweils in dicken Büchern publiziert –
die Berechnungen vereinfachten.

Diese Tabellen wurden durch Hilfskräfte erstellt, die
Polynome von Hand berechneten. Aber die gedruckten
Tabellen waren äusserst unzuverlässig. In einer zufälligen
Auswahl von 40 mathematischen Tabellen fand ein Zeit-
genosse nicht weniger als 3700 Fehler. Quellen für die
Fehler waren Irrtümer bei der Berechnung, Ungenauig-
keiten beim Abschreiben und Unachtsamkeiten bei der
Drucklegung.

Der Gelehrte Charles Babbage (1791–1871) begann
1822 mit der Entwicklung einer Maschine, die Polynome
automatisch berechnen und drucken sollte und dadurch

147

alle drei Fehlerquellen vermeiden würde. Da es einfacher ist, Zahlen zu addieren als zu multiplizieren, benützte er einen Trick, mit dessen Hilfe Potenzierungen und Multiplikationen bei der Berechnung von Polynomen umgangen werden konnten. Der Trick hat mit den Differenzen in den Resultaten zu tun, wenn die Variable um 1 erhöht wird, und deswegen wurde die Maschine «Difference Engine» genannt. Insgesamt sahen Babbages Pläne die Montage von 25 000 Einzelteilen – Schrauben, Bolzen, Kupplungen, Nocken, Antriebswellen, Zahnräder – vor. Sobald eines der mit Ziffern beschrifteten Zahnräder von der Zahl Neun über die Null weiterrückt, sollte ein anderes Zahnrad aktiviert werden, das die nächste Zehnerpotenz um 1 erhöhen würde. Babbage selber steckte grosse Teile seines Privatvermögens in das Projekt, Unterstützung erhielt er auch von der englischen Regierung.

Doch die Difference Engine konnte nie fertiggebaut werden. Hauptgrund dafür war, dass viktorianische Werkzeugmacher nicht genügend präzis arbeiten konnten, um die Teile mit der benötigten Genauigkeit herzustellen. Während sich die Fertigstellung der Difference Engine noch dahinzog, dachte Babbage schon über eine noch weit fortgeschrittenere Maschine nach, die in der Lage sein sollte – mittels Lochkarten gesteuert –, Programmschritte, Schleifen und bedingte Verzweigungen auszuführen. Es ist vor allem diese Analytical Machine, auf der Babbages heutiger Ruhm als Computerpionier beruht. Ein zweieinhalb Tonnen schwerer, auf seinen ursprünglichen Plänen beruhender Nachbau der Difference Engine ist seit 1991 im Science Museum in London zu besichtigen.

Ein Modell der Internet-Topologie

Um den Datenfluss im Internet möglichst effizient zu machen, muss die Struktur dieses «Netzes der Netze» nicht nur theoretisch untersucht, sondern auch empirisch erfasst werden. In einer im Juli 2007 veröffentlichten Arbeit analysierten fünf israelische Physiker und Computerwissenschafter die Topologie des Internets mittels direkter Messungen. Sie kamen zum Schluss, dass vier Schritte in der Regel genügen, um von einem Internet-Knoten zu einem beliebigen andern zu gelangen. Gleichzeitig fanden sie aber heraus, dass Umwege manchmal rascher zum Ziel führen können. Die Messungen wurden mithilfe von 5000 Freiwilligen ausgeführt, deren PC während ungenutzten Zeiten etwa jede Minute einen Pfad zu einem zufällig ausgewählten Ziel suchten. Zwischen dem 1. September 2004 und Frühjahr 2007 wurden fast zweieinhalb Milliarden Messungen gemacht.

Die Forscher verteilten die Knoten auf Schalen: In der äusseren Schale befanden sich die Websites, die nur eine Verbindung zum Netz aufwiesen. Es folgten diejenigen mit zwei Verbindungen usw. Nach 40 Schalen umfasste der sogenannte Kern des Internets nur noch eine relativ kleine Anzahl von Websites, die auf mindestens 40-fache Weise untereinander verbunden waren.

Durch diese Art der Analyse wird das Internet in drei Komponenten zerlegt: einen Kern, eine intermediäre Komponente, in der die Knoten untereinander dicht genug verknüpft sind, um auch ohne Umweg über den Kern eine Verbindung zwischen ihnen herstellen zu können, und eine isolierte Komponente, die nur über den Kern mit dem Rest des Internets verbunden ist.

Die Wege, die von diesen drei Komponenten des Internets ausgehen, sind unterschiedlich lang. Innerhalb des Kerns sind bloss ein oder zwei Sprünge zu andern Sites nötig. Isolierte Elemente brauchen typischerweise zwei oder drei Schritte: einen zum Kern, eventuell einen innerhalb des Kerns und einen dritten zum Ziel. Im verbundenen Teil – dieser umfasst rund 75 Prozent aller Websites – braucht es drei oder vier Schritte: einen zum Kern, einen oder zwei innerhalb des Kerns und einen weiteren zum verbundenen oder zum isolierten Ziel. Allerdings kann die direkteste Verbindung zu Staus im Kernbereich führen. Eine Schlussfolgerung der Arbeit ist, dass sich der Datenverkehr beschleunigen lässt, wenn man ihn über den intermediären Bereich umleitet, statt immer den kürzesten Weg durch die Mitte zu wählen.

Verräterische Geräusche

Ohne einen Blick auf den Bildschirm zu werfen und ohne die Speicher eines Computers lesen zu können, lässt sich trotzdem herausfinden, was auf einer Computertastatur geschrieben wird – indem man genau zuhört. Forscher der Abteilung für Computerwissenschaft der University of California in Berkeley haben auf eine Sicherheitslücke hingewiesen, die Tastatureingaben für Aussenstehende zugänglich macht. Die Methode beruht auf einer Analyse der Geräusche, die beim Tippen gemacht werden. Jede Taste verursacht ein leicht anderes Geräusch, das auf den getippten Buchstaben hinweist.

Die Forscher nahmen 12- bis 26-minütige Sequenzen mit einem handelsüblichen Mikrofon auf (bei etwa 200 Anschlägen pro Minute) und werteten sodann die Audioaufzeichnung statistisch aus. Mit Methoden aus der Theorie der Spracherkennung wurden zuerst die Charakteristiken der einzelnen Tasten herausgefiltert. Sodann wurden die Tippgeräusche in einem ersten Durchlauf aufgrund der Buchstabenhäufigkeit versuchsweise einzelnen Tasten zugeordnet. Aber verschiedene Buchstaben können ähnliche Geräusche erzeugen, und derselbe Buchstabe kann bei wiederholtem Antippen verschieden tönen. Deshalb musste der Algorithmus in einer zweiten Phase verfeinert werden: In mehreren Durchläufen wurde die Erkennungsrate mittels statistischer Lerntheorie und auf der Basis von sprachwissenschaftlichen Erkenntnissen verbessert. Nach drei Durchläufen konnten jeweils zwischen 88 und 96 Prozent der Buchstaben richtig erkannt werden. Die Autoren gaben an, dass der Algorithmus innert höchstens 20 Versuchen 90 Prozent von aus fünf Zeichen bestehenden Passwörtern erkennen konnte. Die Methode funktionierte auch auf Tastaturen, die als besonders leise gelten. Allerdings ist sie vorläufig noch nicht in der Lage, auch Spezialtasten (Umschalt-, Lösch-, Befehl-, Navigationstaste usw.) auszuwerten. Es sollte gemäss den Autoren jedoch nicht allzu schwer sein, die Methode entsprechend auszuweiten.

Die vorgeschlagene Technik ist eine von mehreren sogenannten Side Channel Attacks, Angriffen, die sich nicht mit mathematischen Mitteln gegen den kryptografischen Algorithmus selbst, sondern gegen die Art seiner Implementierung richten. Neben der Tastatur erzeugt etwa auch die Zentraleinheit des Computers typische Geräusche, die zur Kryptanalyse verwendet werden können. Auch Schwankungen in der Intensität des Lichts, das von Computermonitoren ausgeht, können verräterische Hinweise geben.

Die wohl am häufigsten angewendete und auch aussichtsreichste Form einer Side Channel Attack ist jedoch das sogenannte Social Engineering. Diese Methode macht sich die Tatsache zunutze, dass viele Menschen leichtgläubig und fahrlässig im Umgang mit Passwörtern sind. Sie notieren sich ihre geheimen Codes auf Zettelchen, die sie an den Bildschirm kleben, und geben sie am Telefon auch wildfremden Menschen preis, die sich als Systemadministratoren ausgeben.

Die Berechnung der Bedeutung

Zu den Besonderheiten der Suchmaschine von Google gehört, dass sie nicht nur herausfinden kann, auf welchen Webseiten eine gesuchte Zeichenkette vorkommt, sondern darüber hinaus auch noch Angaben über die Wichtigkeit dieser Seiten machen kann. Das von den beiden Gründern von Google – Sergey Brin und Larry Page – entwickelte Verfahren wird Page-Rank genannt. In einem von der American Mathematical Society publizierten Aufsatz wird die Theorie hinter Page-Rank erklärt. Allerdings werden nur die mathematischen Grundlagen behandelt; zahlreiche Einzelheiten der Bewertungsmethode bleiben nach wie vor ein Firmengeheimnis.

Page-Rank orientiert sich an der Art und Weise, wie wissenschaftliche Arbeiten gewichtet werden. Dabei spielt es eine Rolle, wie oft Arbeiten in den Arbeiten von Kollegen zitiert werden, und die Erwähnung in einer angesehenen wissenschaftlichen Zeitschrift zählt natürlich mehr als die in einem Mitteilungsblatt eines Colleges. Brin und Page hatten die Idee, Webseiten zu bewerten anhand der Verknüpfungen, die von andern Webseiten ausgehend auf sie verweisen. Diese Verknüpfungen besitzen umso mehr Gewicht, je wichtiger die Webseite ist, von der sie ausgehen. Das Problem tönt wie die Frage nach dem Huhn und dem Ei: Um die Bedeutung einer Webseite zu berechnen, muss die Bedeutung aller Webseiten bekannt sein. Es handelt sich aber um ein Problem, das mit den Methoden der linearen Algebra gelöst werden kann.

Zu Beginn des Verfahrens werden Webseiten und die Verknüpfungen zwischen ihnen in einer riesigen Matrix erfasst. Jede Kolonne dieser Link-Matrix entspricht einer Webseite mit ihren Verweisen. Wenn Webseite Nummer 85 Links zu den Webseiten Nummer 17, 31 und 45 besitzt, wird in den entsprechenden Zeilen der 85. Kolonne jeweils der Wert ⅓ eingetragen. Alle andern Zellen in der Kolonne 85 erhalten eine Null. Wenn Webseite Nummer 99 einen einzigen Link zu Webseite 17 hat, steht in Kolonne 99 Zeile 17 eine Eins. Nehmen wir nun weiter an, Webseite 85 hat das Gewicht 0,5 und Webseite 99 das Gewicht 0,2. Um die Bedeutung der Webseite 17 zu berechnen, werden alle auf sie verweisenden Links gewichtet und summiert, also $0,5 \times ⅓ + 0,2 \times 1$ usw. Die Summe ergibt die Bedeutung von Webseite Nummer 17, die nun ihrerseits als Gewicht für die Bewertung aller andern Webseiten genommen wird.

Die Reihe der Gewichtungen aller Webseiten wird als Eigenvektor der Link-Matrix bezeichnet. Um den geeigneten Eigenvektor der Link-Matrix zu finden, muss ein System von N Gleichungen mit N Unbekannten gelöst werden, wobei N für die Zahl der Webseiten steht. Solch ein System ist im Prinzip lösbar, doch ist N enorm gross. Statt also ein Gleichungssystem mit 25 Milliarden Gleichungen und ebenso vielen Unbekannten zu lösen, verwendeten Brin und Page vereinfachte Verfahren aus der linearen Algebra. Dabei kam ihnen zugute, dass eine Webseite im Durchschnitt bloss etwa zehn Links besitzt. Die weitaus meisten Einträge in der Link-Matrix sind also gleich null.

Zur Suche nach dem Eigenvektor setzten Brin und Page ein Iterationsverfahren ein. Dazu wird irgendein Vektor «ausprobiert» und – je nach dem Resultat – angepasst. Dann wird der verbesserte Vektor getestet und wiederum angepasst. Wenn sich der Vektor nicht mehr verändert, sagt man, die Iteration habe konvergiert. Das Verfahren funktioniert allerdings nur, wenn sich in der Link-Matrix keine rechteckigen Regionen befinden, die bloss Nullen enthalten. Um eine solche Situation zu vermeiden, lässt der Google-Algorithmus den Suchroboter mit einer gewissen Wahrscheinlichkeit (15 Prozent) nicht den Links folgen, sondern zufällig auf eine beliebige andere Webseite springen. Dies entspricht der Substitution aller Nullen in der Link-Matrix durch die Zahl «1 geteilt durch 25 Milliarden».

Ein weiteres Problem stellen «hängende» Webseiten dar, aus denen keine Links herausführen. Landet der Suchroboter in einer solchen Sackgasse, so lässt der Google-Algorithmus ihn ebenfalls nach dem Zufallsprinzip auf irgendeine andere der 25 Milliarden Webseiten springen. Brin und Page bewiesen, dass das Verfahren nach 50 bis 100 Iterationen gegen einen konstanten Vektor – eben den gesuchten Eigenvektor – konvergiert. Die Berechnung des Eigenvektors dauert jeweils einige Tage und soll einmal monatlich durchgeführt werden.

Gefahr für asymmetrische Kryptosysteme

Im Internet werden zur Datenverschlüsselung, aber auch zur Authentifizierung und zur Sicherung der Integrität oft asymmetrische Systeme verwendet. Die Chiffrierung erfolgt dabei mittels sehr grosser Zahlen, die zur Entschlüsselung in ihre Faktoren zerlegt werden müssten. Um die Methode sicher zu machen, sieht der heutige Standard Schlüssel vor, die im Binärsystem 1024 Stellen, im Dezimalsystem etwas über 300 Ziffern lang sind. Eine Zerlegung solch grosser Zahlen durch naives Ausprobieren möglicher Faktoren der Reihe nach würde mit den schnellsten heute zur Verfügung stehenden Computern rund 10^{100} Jahre dauern. Und auch mit hoch entwickelten Algorithmen würde man dafür Jahrzehnte brauchen.

Aber Computer werden immer schneller, Algorithmen immer leistungsfähiger. Sind asymmetrische Kryptosysteme also gefährdet? Um dies nachzuprüfen, haben Forscher der Nippon Telephone and Telegraph Corporation in Tokio, der ETH Lausanne und der Universität Bonn eine enorm grosse Zahl einem ausgeklügelten Algorithmus aus der Zahlentheorie unterzogen. Dutzende von PC arbeiteten monatelang im Verbund, bis es gelang, eine 307-stellige Zahl in zwei Faktoren mit 80 bzw. 227 Stellen zu zerlegen. Dies ist ein neuer Weltrekord. Der Algorithmus beruhte auf dem sogenannten Zahlkörpersieb, das jeweils auf einen Schlag grosse Mengen von Zahlen als mögliche Faktoren untersucht. Die Methode geht auf das Sieb des Griechen Eratosthenes zurück sowie auf Pierre de Fermat, der eine Zahl zuerst als Differenz zweier Quadrate darstellte, was ihm dann leicht erlaubte, ihre Faktoren zu finden. Zum Beispiel kann 8051 als Differenz zwischen 8100 und 49 dargestellt werden, woraus sich die Faktoren 83 und 97 ergeben: $8051 = 8100 - 49 = 90^2 - 7^2 = (90 - 7) \times (90 + 7) = 83 \times 97$.

Bei der diesmal faktorisierten Zahl handelte es sich allerdings nicht um irgendeine grosse Zahl, sondern um eine mit einer sehr speziellen Form. Spezifisch ging es um die Faktoren der Zahl $2^{1039} - 1$. Sie hat im Binärsystem 1039 Stellen, im Dezimalsystem 313 und besteht aus drei Faktoren. Einer von ihnen, 5 080 711, war schon bekannt, und nach Division durch diesen Faktor blieb eine Zahl mit 1017 Binärstellen oder 307 Dezimalstellen, deren Faktoren nicht bekannt waren. Weil die Zahl in der Nähe einer Potenz von 2 liegt, konnte ein besonders schneller Algorithmus benutzt werden. Die Forscher schätzen den Schwierigkeitsgrad zur Faktorisierung der 1017 Binärstellen langen Zweierpotenz als etwa gleich hoch ein wie die Faktorisierung einer beliebigen 200 Dezimalstellen langen Zahl. Somit sind die heute gängigen Schlüssel, die ja etwas über 300 Dezimalstellen lang sind, vorläufig noch sicher. Doch Arjen Lenstra von der ETH Lausanne hält warnend fest, dass das jetzt übliche Sicherheitsniveau bei der Verschlüsselung innert fünf bis zehn Jahren erhöht werden müsse.

Rechenregeln für Computer

Das Numerical Mathematics Consortium hat im Herbst 2006 eine neue Version des Standards vorgestellt, der die Handhabung mathematischer Funktionen bei der Entwicklung von Softwareprogrammen regelt. Das im Jahr 2005 gegründete, nicht profitorientierte Konsortium setzt sich aus Softwareentwicklern und interessierten Persönlichkeiten aus Industrie und Wissenschaft zusammen. Gründer waren Inria, Maplesoft, Mathsoft und National Instruments. Das Dokument wurde schon Anfang 2006 fertiggestellt, aber erst acht Monate später veröffentlicht.

Durch die Standardisierung der technischen Spezifikationen soll garantiert werden, dass verschiedene Softwareentwickler bei der Durchführung mathematischer Operationen dieselben Definitionen und Methoden benützen. Erst dadurch wird es möglich, dass dieselben Algorithmen mit demselben Resultat in verschiedenen Softwarepaketen und auf unterschiedlichen Computern eingesetzt werden können. Die Notwendigkeit zur Standardisierung besteht, weil Programmierer bei der Entwicklung von Programmen oft ihre eigenen Methoden erarbeiten, die mit den Methoden anderer Entwickler nicht kompatibel sind. Zum Beispiel führten in den

1980er-Jahren verschiedenartige Methoden, Zahlen auf- oder abzurunden, dazu, dass Programme, die auf Computern liefen, die nicht ausdrücklich für das Programm vorgesehen waren, plötzlich mit Fehlermeldungen aufwarteten und zum Stehen kamen. 1985 wurde der IEEE-754-Standard für Gleitkommarechnungen eingeführt, womit das Problem fürs Erste behoben war.

In dem Dokument werden Brücken von der Theorie zur Anwendung geschlagen. Das Konsortium ratifizierte 250 mathematische Funktionen, die von den simplen Grundrechenarten bis zu komplizierten Matrixoperationen reichen. Vor allem Funktionen für die Manipulation von Polynomen und Vektoren wurden neu definiert. Das Dokument legt auch fest, wie in Zukunft neue Funktionen ratifiziert werden können, und lässt damit die Türe für die Weiterentwicklung durch Drittpersonen offen.

In der Luft

Suche nach der effizienten Einsteigemethode

Da Fluggesellschaften bloss Gewinne erwirtschaften, wenn sich ihre Flugzeuge in der Luft befinden, sollte der «Turnaround» – die Zeitspanne, innerhalb der eine Maschine nach der Landung wieder startklar gemacht wird – so kurz wie möglich sein. Ein wichtiger Faktor dabei ist neben Reinigung, Wartung und Betankung der Flugzeuge die Geschwindigkeit, mit der die Passagiere ihre Sitze einnehmen. Die Frist, die beim Einstieg von Hunderten von Passagieren verstreicht, kann zu empfindlichen Verzögerungen führen und die unproduktive Zeit am Boden verlängern. Deshalb suchen Fluggesellschaften nach effizienten Methoden zur Beladung der immer mehr Passagiere fassenden Flugzeuge. Die Reihenfolge, in der die Passagiere in die Kabine geschleust werden, spielt dabei eine überaus wichtige Rolle.

Die heutzutage von vielen Airlines praktizierte Einsteigemethode ist, wie fünf Mathematiker aus Israel und Amerika herausgefunden haben, auf jeden Fall nicht optimal. Sie besteht darin, beginnend mit den hinteren Reihen, nach und nach die weiter vorne liegenden Reihen zu füllen. Zum Beispiel werden zuerst die Passagiere der Reihen 25 bis 30 zum Einsteigen aufgerufen, nach einigen Minuten jene der Reihen 20 bis 25 usw. Hinter der Vorgehensweise stand der Gedanke, dass sich auf diese Art am wenigsten Leute gegenseitig im Weg stehen.

Die Begründung scheint einleuchtend – ein Fass wird ja auch von unten nach oben gefüllt –, doch gab es keine mathematischen Modelle, mit denen die Effizienz der Methode verifiziert werden konnte. Systemingenieure behalfen sich jeweils notdürftig mit Computersimulationen. Diese zeigten jedoch bald, dass Zweifel an der Effizienz der herkömmlichen Beladungsmethode angebracht waren.

Für Fachleute war die Abstützung auf Simulationen unbefriedigend. Es fehlte ein mathematisches Modell, mit dem die Beladungszeiten bei verschiedenen Einsteigemethoden konkret berechnet werden konnten. Nun liegt es vor, und es ist überraschend kompliziert. Die Mathematiker haben von einer Formel Gebrauch gemacht, die von Einsteins Relativitätstheorie herrührt und die ausserhalb der Physik noch nie benutzt wurde. Der Computerwissenschafter Eitan Bachmat von der Universität Ben Gurion war auf die Formel gestossen, als er Plattenspeicher untersuchte und die Warteschlangen beim In- und Output analysierte.

Das Modell umfasst Kenngrössen der Kabine, der Einsteigemethode, der Passagiere und ihres Verhaltens. Wichtigste Variable ist eine Kombination dreier Parameter: die Länge des Ganges, die ein stehender Passagier mit seinem Handgepäck blockiert – zum Beispiel 40 Zentimeter –, multipliziert mit der Anzahl der Sitze in einer Reihe, dividiert durch den Abstand einer Reihe von der nächsten. Bei sechs Sitzen pro Reihe und einem Reihenabstand von etwa 80 Zentimetern ergäbe das die Zahl Drei. Sie besagt, dass die Passagiere einer einzigen Reihe vor der Einnahme ihrer Sitzplätze drei Reihen blockieren. Das Problem wird sofort ersichtlich: Wenn die Passagiere der Reihen 25 bis 30 zum Einsteigen aufgerufen werden, ist mehr als die Hälfte des Ganges völlig blockiert, und die meisten Passagiere können gar nicht erst zu ihrer Sitzreihe gelangen. Laut dem Modell wächst die Zeitspanne, die zur Füllung der Kabine benötigt wird, proportional zur Anzahl der Passagiere. Diese Schwierigkeit könnte umgangen werden, indem die Passagiere in den Reihen 30, 27, 24 zuerst aufgerufen würden, dann jene in den Reihen 29, 26, 23, anschliessend die der Reihen 28, 25, 22 usw. Die Einsteigenden würden sich im Mittelgang nicht gegenseitig blockieren, doch wäre es wohl schwierig, ein solch kompliziertes System an den Gates in der Praxis umzusetzen.

Berechnungen haben ergeben, dass sich die Beladungszeit signifikant verkürzte, sobald Fluggesellschaften die Passagiere in zufälliger Ordnung in die Kabine einsteigen liessen. Aber zur Überraschung der Mathematiker zeigte das Modell, dass es noch vorteilhafter wäre, wenn den Reisenden überhaupt keine Plätze zugewiesen würden. Dürften die Passagiere ihre Sitze zufällig auswählen, wäre die benötigte Zeitspanne laut dem Modell nur noch proportional zur Quadratwurzel der Anzahl der Passagiere.

Die Einsteigezeit könnte weiter reduziert werden, wenn die Passagiere mit Fenstersitzen – in absteigender

Ordnung der Reihen – zuerst einstiegen, dann jene auf den mittleren Sitzen und schliesslich jene auf den Gangplätzen. Allerdings wäre die Methode auf Familien und in Gruppen Reisende nur schwer anwendbar. Eine weitere Verbesserung wäre zu erzielen, wenn das Prozedere so verfeinert würde, dass zuerst die Passagiere mit den Fenstersitzplätzen auf der einen Flugzeugseite einstiegen, dann jene auf der andern Seite und schliesslich die Inhaber der Mittel- und der Gangsitze.

Irrationales bei Airlines und Passagieren

Von Zürich nach San Francisco wird oft über New York geflogen. Wenn jedoch der nordamerikanische Streckenabschnitt ausgebucht ist und wegen Überlastung der Luftstrasse keine zusätzlichen Flüge eingesetzt werden können, kann die Fluggesellschaft ihre Passagiere auch via Chicago nach San Francisco fliegen. Sobald die neue Streckenwahl zu einer Überbelegung führt, können die Passagiere wieder auf die ursprüngliche Route zurückgeleitet werden. Allerdings muss der Reiseplan zu Anfang des Fluges festgelegt werden: Schon in Zürich muss entschieden werden, welche der beiden Routen benützt werden soll. Um sich grössere Entscheidungsfreiheit zu gewähren, könnte die Fluggesellschaft nun eine Verbindung zwischen New York und Chicago einrichten. Durch die Flüge auf dieser Strecke würde das Netz sicherlich entlastet, denn Airline und Passagiere brauchten erst in New York oder Chicago über die Routenwahl nach San Francisco – direkt oder über den Ausweichflughafen – zu entscheiden. Die zusätzliche Flexibilität würde das Flugnetz entlasten, Gesamtkosten einsparen und die Auslastung erhöhen.

Dies scheint logisch und einleuchtend, stimmt aber nicht immer. Je nach der Strukturierung der Flugkosten und -preise sowie der Auslastung der Routen könnte das Hinzufügen einer neuen Route zu einer Verschlechterung der Verkehrssituation führen. Dies zeigte der deutsche Mathematiker Dietrich Braess 1969 in dem seither berühmt gewordenen Aufsatz «Über ein Paradoxon aus der Verkehrsplanung». Das Rätsel, das fortan Braess-Paradoxon genannt wurde, gilt im Strassenverkehr, im Internet und ganz allgemein für alle Netzwerke. Es besagt, dass das Hinzufügen einer Strecke ein Netzwerk unter Umständen belasten statt entlasten kann. So führte 1969 die Eröffnung einer neuen Verbindungsstrasse in Stuttgart nicht zu der erhofften Verkehrsentlastung in der Innenstadt, sondern zu einem Chaos. Erst als die Strasse wieder aufgerissen wurde, beruhigte sich der Verkehr.

Das Braess-Paradoxon ist Beispiel einer Situation aus der Spieltheorie, eines Zweiges der mathematischen Ökonomie, für die 2005 der Nobelpreis der Wirtschaftswissenschaften vergeben wurde. Bei den Spielen müssen sich die jeweils auf ihren Vorteil bedachten Teilnehmer für eine Strategie entscheiden. In sogenannten Nullsummenspielen verliert der eine Spieler jeweils das, was der andere gewinnt. Bei dem Braess-Paradoxon handelt es sich jedoch nicht um ein Nullsummenspiel. Falls die Kostenstruktur des Netzes in einer bestimmten Weise davon abhängt, wie viele Reisende die jeweilige Strecke benützen, kann es zu Situationen kommen, in denen alle Spieler das Nachsehen haben, sobald eine zusätzliche Strecke eröffnet wird.

Nehmen wir an, auf einer Autobahn herrsche ein Stau, während der Verkehr auf einer parallelen Route flüssig laufe. Wird nun auf der gestauten Strecke eine Verbindung zur andern Route geöffnet, könnten sich gerade so viele Fahrer zum Routenwechsel entschliessen, dass auf der parallelen Strecke auch ein Stau entsteht, ohne dass sich die Blockierung auf der ersten Strecke löst. Nun stehen die Kolonnen auf beiden Routen. Niemand hat etwas gewonnen, aber viele Fahrer haben verloren. Das Paradoxon kann also entstehen, wenn jeder Fahrer für sich entscheidet, welche Route er nimmt und ob er – einmal bei der Zwischenstation angekommen – direkt weiterfahren oder über die Verbindungsstrasse auf die parallele Strasse wechseln will.

Auf den Luftverkehr übertragen, könnte sich – etwas vereinfacht – folgende Situation präsentieren. Nehmen wir an, dass die beiden Routen nach San Francisco Kapazitäten von je 400 Passagieren haben und dass 800 Leute fliegen wollen. Solange die direkten Routen die einzigen Transportmöglichkeiten darstellen, können alle Passagiere befördert werden. Nun wird – möglicherweise aus ganz andern Gründen – eine Route zwischen New York und Chicago eingerichtet, und 100 Leute stellen fest, dass sie günstigere Abflug- und Anschlusszeiten erhalten, wenn sie die Route Zürich–New York–Chicago–San Francisco wählen. Als Frühbuchern gelingt es ihnen, diese Flüge zu buchen. Aber auf den alten Routen stehen nun für die Spätbucher nur noch jeweils 300 Plätze zur Verfügung. Insgesamt können bloss 700 Passagiere von Zürich nach San Francisco befördert werden. Paradoxerweise hat die Einführung einer zusätzlichen Strecke zu einem Engpass geführt. Erst die Sperrung der ursprünglich zur «Entlastung» eingerichteten Ausweichstrecke New York–Chicago würde helfen, allen Reisenden eine Transportmöglichkeit zu bieten. Die Preispolitik vieler Fluggesellschaften, deren Tickets teurer werden, je mehr Passagiere schon auf dem Flug gebucht sind, kann ebenfalls zum Braess-Paradoxon führen.

Experten meinten, dass das Braess-Paradoxon nur selten und unter sehr speziellen Bedingungen auftritt. Überdies möchte man glauben, dass Reisende bald merken würden, dass sie für sich oft keinerlei Vorteil erlangen, wenn sie auf die andere Route hinüberwechseln, dafür aber für die Allgemeinheit Nachteile schaffen. Folglich sollten sie in einer ähnlichen Situation den gleichen Fehler nicht nochmals machen. Aber auch dem ist nicht so. Amnon Rapoport, ein Psychologe der Universität von Arizona, der für seine experimentelle Bestätigung von Resultaten der Spieltheorie bekannt ist, untersuchte im Laboratorium, ob Spieler aus früher gemachten Erfahrungen etwas lernen. Er setzte ihnen mehrere Dutzend Male Routenwahlen vor, die dem obigen Beispiel entsprechen. Ohne Querverbindung pendelte sich die Zahl der Reisenden auf ein Gleichgewicht ein, indem die beiden Routen von je etwa der Hälfte der Spieler gewählt wurden. Sobald die Querverbindung geöffnet wurde, wählten alle Spieler die vermeintlich bessere Route und bewirkten die Blockierung.

Alle Wege führen nach Paris – und Anchorage

Heutzutage kann man mit dem Flugzeug praktisch jeden Winkel der Erde erreichen – allerdings oft nur mit Zwischenlandungen und Umsteigen. Fragt sich, wie oft und wo gelandet werden muss. In einer im Mai 2005 in der amerikanischen Fachzeitschrift *Proceedings of the National Academy of Sciences* veröffentlichten Studie untersuchten der Ingenieurprofessor Luis Amaral von der Northwestern University in Illinois und seine Mitarbeiter die weltweiten Flugbewegungen der ersten Novemberwoche des Jahres 2000. Über eine halbe Million Flüge von mehr als 800 weltweit tätigen Fluggesellschaften wurden analysiert. Mit 27 051 Direktverbindungen zwischen 3883 Städten waren bloss 1,8 Promille aller Städtepaare direkt miteinander verbunden. Die über 15 Millionen andern Verbindungen mussten mit Zwischenlandungen geflogen werden.

Wie sich herausstellte, besitzt das weltweite Netz der Flugverbindungen relativ wenige Hubs mit sehr vielen Verbindungen und viele Flughäfen mit wenigen Verbindungen. Damit weist es Ähnlichkeiten mit andern Netzen auf, wie zum Beispiel dem Internet oder dem Geflecht sozialer Kontakte. Ausserdem stellt das Flugstreckennetz eine sogenannte «kleine Welt» dar: Im

Durchschnitt kann jeder Knotenpunkt mit nicht mehr als 4,4 Flügen erreicht werden. Allerdings gibt es auch bedeutend kompliziertere Flugverbindungen. Der Flug von Wasu in Papua-Neuguinea nach Mount Pleasant auf den Falkland-Inseln stellt mit 15 Landungen die Route mit den meisten Zwischenstationen dar.

Die verkehrsreichsten Flughäfen sind jedoch nicht unbedingt diejenigen, die für den Zusammenhalt des Netzes am wichtigsten sind. Zum Beispiel gilt Chicago O'Hare mit über 100 Flugbewegungen pro Stunde als verkehrsreichster Flughafen der Welt. Aber er weist bloss 184 Direktverbindungen zu andern Städten auf, während Paris zu 250 Städten Nonstop-Flüge hat und damit die Rangliste der meistverbundenen Flughäfen anführt (die Flughäfen Charles de Gaulle und Orly zusammengenommen). Es folgen London mit 242 und Frankfurt mit 237 Direktverbindungen zu andern Städten. Der Flughafen Zürich liegt mit 143 Direktverbindungen ranggleich mit München auf dem respektablen Platz 12 – vor Brüssel, Rom und Los Angeles. Am Ende der Rangliste befinden sich 744 Städte, die jeweils eine einzige Direktverbindung zu einem andern Flughafen aufweisen, wie zum Beispiel Gibraltar, Abu Simbel in Ägypten oder die griechische Insel Mykonos.

Aber die Anzahl der Direktverbindungen ist nicht die einzige massgebliche Charakteristik eines Flughafens. Ein zweites Mass, das angibt, wie viele kürzeste Verbindungen über einen Flughafen laufen, ist für das Verständnis des weltweiten Flugnetzes von grosser Bedeutung. In dieser Rangliste liegt Zürich an 52. Stelle:

Bloss 53 kürzeste Verbindungen laufen über Kloten. Drehscheibenleader ist wiederum Paris, wo 297 Verbindungen eine Zwischenlandung erfordern. An zweiter Stelle liegt – man höre und staune – Anchorage in Alaska. Zwar ist diese Stadt im hohen Norden bloss mit 39 andern Flughäfen direkt verbunden, doch laufen 279 kürzeste Verbindungen über den Ted Stevens Anchorage International Airport.

Auch das den meisten Reisenden völlig unbekannte Port Moresby in Neuguinea liegt als Gateway für 217 Verbindungen auf Platz 7, noch vor Frankfurt, Tokio und Moskau. 2491 Flughäfen werden dagegen für keine einzige Verbindung als Zwischenstation benötigt. Während also das Ausfallen des Flughafens von Port Moresby in Neuguinea einen grossen Teil des internationalen Streckennetzes von der übrigen Welt abschneiden würde, bliebe eine Betriebsunterbrechung des Flughafens an der Südspitze der Iberischen Halbinsel fast unbemerkt.

Zentrale Flughäfen, über die viele der kürzesten Verbindungen führen, nehmen als Schnittstellen zu ganzen Regionen der Welt eine wichtige Stellung ein. Wirtschaftlich gesehen ist es deshalb von grosser Bedeutung, dass der Verkehr auf diesen Flughäfen nicht durch eine einzige Gesellschaft oder durch eine Allianz bestimmt wird, sondern dass die Konkurrenz zum Zug kommt.

Aber nicht nur für pressierte Reisende ist die Studie wichtig. Luis Amaral sieht die Bedeutung seiner Arbeit vor allem in der Aufdeckung der Rolle der Flughäfen bei der Verbreitung von Infektionskrankheiten, wie zum Beispiel Sars im März 2003 oder der Vogelgrippe. Zur wirksamen Eindämmung einer drohenden Epidemie genüge es nicht, das quantitative Aufkommen des Flugverkehrs zu untersuchen, denn es seien nicht unbedingt die verkehrsreichen Flughäfen in den USA, Westeuropa und Japan, die der Krankheit als Sprungbrett dienen. Wie die Studie zeigte, könnten verkehrsarme Flughäfen für die Verbreitung einer Seuche eine bedeutendere Rolle spielen. Um der Verschleppung von Infektionskrankheiten vorzubeugen, müssten demnach nicht nur die Flughäfen Frankfurt, Chicago oder Toronto, sondern vor allem Anchorage und Port Moresby überwacht werden.

In der Schule

Rechtslastige Rechenschwäche

Rund 5 Prozent der Bevölkerung leiden an einer Rechenschwäche oder Dyskalkulie: Sie können ausgesprochen schlecht mit Zahlen und Grössen umgehen. Diesen Menschen fällt es schwer, Fahrpläne oder geografische Karten zu lesen, Tanzschritte auszuführen, Kleingeld abzuzählen. Die Behinderung, die – ähnlich wie die Legasthenie – oft sehr spät oder gar nicht diagnostiziert wird, hat nichts mit mangelnder Intelligenz zu tun. Im Gegenteil, Kinder und Menschen mit Rechenschwäche können in sprachlichen Fächern sehr gute Leistungen erzielen. Doch wenn ein fünf- bis siebenjähriges Kind Schwierigkeiten zeigt, einfache Zahlenfolgen und Zahlenmuster zu erkennen oder zwei Mengen korrekt zu vergleichen, besteht die Möglichkeit, dass es an Dyskalkulie leidet.

Der Grund für die Rechenschwäche wurde nie eindeutig identifiziert. Ist es eine angeborene, vererbte oder erworbene Störung, ist sie neurologischen Ursprungs? Ein Team von sieben Forschern hat – unter Federführung des israelischen Neurowissenschafters Roi Cohen-Kadosh am University College in London – einen bedeutsamen Fortschritt in der Suche nach der Ursache der Rechenschwäche erzielt: Es ist gelungen, den Ursprung der Störung im Gehirn zu lokalisieren.

Neun Testpersonen – fünf litten an Dyskalkulie, vier wiesen keine Symptome auf – wurden jeweils zwei Ziffern präsentiert, eine 2 und eine 4, wobei eine der beiden Ziffern physisch grösser auf dem Bildschirm gezeigt wurde als die andere. Zum Beispiel erschien manchmal eine grosse 2 und eine kleine 4 oder umgekehrt. Die Testpersonen mussten blitzschnell entscheiden, welche Ziffer «grösser» ist. So gestellt, ist die Frage natürlich zweideutig, und deshalb wurde sie jeweils präzisiert: Manchmal wurde nach der physisch grösseren Ziffer gefragt, manchmal nach der Ziffer mit dem grösseren Zahlenwert. Die Forscher massen die Zeit, die die Probanden benötigten, um über Knopfdruck ihre Antwort zu geben.

Mit einem Magnetresonanztomografen wurde zuerst festgestellt, dass die sogenannten Scheitellappen auf beiden Seiten des Gehirns – Hirnregionen, die an der mentalen Manipulation von Zahlen und Grössen beteiligt sind –, bei der Durchführung des Experiments einen erhöhten Blutfluss aufwiesen. Die «normalen» Testpersonen reagierten – wie aufgrund früherer Studien zu erwarten war – schneller, wenn die numerisch grosse Zahl auch physisch gross war, als wenn numerische und physische Grösse einander nicht entsprachen. Dyskalkulische Probanden wiesen hingegen keinen Unterschied in den Reaktionszeiten auf.

Dann kam das eigentlich Neue. Die Forscher bewirkten bei den nicht dyskalkulischen Versuchspersonen eine Störung im Gehirn: Just in dem Augenblick, da sie entscheiden mussten, welche Ziffer physisch oder numerisch grösser war, störten die Forscher während einiger Zehntelsekunden die Funktion der Scheitellappen, und zwar mit der sogenannten transkraniellen Magnetresonanzstimulation (TMS), die mittels Strom ein Magnetfeld erzeugt. Dadurch wird die Aktivität der Neuronen an einer bestimmten Stelle im Gehirn gestört. Dabei machten die Forscher eine überraschende Entdeckung. Sobald die Aktivität des rechten Scheitellappens durch TMS gestört wurde, zeigten die normalen Probanden das gleiche Verhalten wie die dyskalkulischen Vergleichspersonen. Bei Stimulierung des linken Scheitellappens geschah dies jedoch nicht. Offenbar bewirkt also eine Störung der Funktion des rechten Scheitellappens Dyskalkulie.

Karin Kucian, Neurowissenschafterin vom Magnetresonanz-Zentrum des Kinderspitals Zürich, meint, dass die englische Studie für Diagnose und Therapie der Rechenschwäche wichtige, aber bloss indirekte Hinweise gebe. An der Dyskalkulie sei sicherlich ein ganzes Netzwerk von Gehirnregionen beteiligt, der rechte Scheitellappen stelle davon bloss einen Teil dar. Analog zu den Ergebnissen der Londoner Gruppe konnte Kucians Forschungsgruppe unter anderem auch zeigen, dass dyskalkulische Kinder im rechten Scheitellappen weniger graue Hirnsubstanz aufweisen. Sie fand aber auch Unterschiede in der Anatomie und Funktion anderer Hirnregionen, die für das Rechnen wichtig sind.

Eine Lanze für das Kopfrechnen

Seit den Zeiten von Pythagoras suchen Pädagogen nach Methoden, um ihren Zöglingen die Mathematik beizubringen. Auch an der International Conference of Mathematicians in Madrid diskutierten Spezialisten über den Unterricht an Primar- und Mittelschulen. Dabei standen sich «Reformer» und «Traditionalisten» gegenüber.

Nicht einmal die grundlegenden arithmetischen Fertigkeiten blieben dabei unangetastet. Anthony Ralston etwa, ein Vorkämpfer der Reformer von der State University of New York in Buffalo, möchte das Rechnen mit Bleistift und Papier im Schulunterricht gänzlich abschaffen. Zwar sei Kopfrechnen für die Entwicklung des Zahlengefühls unerlässlich, doch könne die entsprechende Fähigkeit mithilfe von Taschenrechnern ebenso gut entwickelt werden.

Im Gegensatz zu dieser Meinung bleibt der Zahlentheoretiker Ehud de Shalit von der Hebrew University in Jerusalem traditionellen Werten verbunden. Schülern müssten von früh an die Hilfsmittel zur Manipulation mathematischer Objekte wie Zahlen, Formen und Symbole mitgegeben werden. Als Beispiel führte er die von den Reformern abgelehnte lange Division mit Bleistift und Papier an. Diese Technik müsse Primarschülern nicht deshalb beigebracht werden, weil sie im täglichen Leben wichtig sei – die Berechnung kann tatsächlich von Taschenrechnern übernommen werden –, sondern weil sie eine mathematische Denkart vermittle. Gerade die lange Division sei eine pädagogische Goldgrube, denn sie fördere das Verständnis des Dezimalsystems und der Funktionsweise eines Algorithmus. Um die vermeintliche Absurdität reformerischer Ideen vor Augen zu führen, stellte Ehud de Shalit die rhetorische Frage, ob denn das Bruchrechnen nicht auch gleich abgeschafft werden solle. Denn Brüche würden ja – entsprechend der modernen Computertechnik – ohnehin direkt in Dezimalzahlen umgesetzt und könnten somit als überholt betrachtet werden. Dies würde dann aber bald dazu führen, dass Schüler ohne Inanspruchnahme des Taschenrechners nicht mehr wüssten, ob $\frac{3}{7}$ und $\frac{5}{9}$ grösser oder kleiner sind als $\frac{1}{2}$.

Ausser über die Frage des Einsatzes von Taschenrechnern und Computern im Unterricht streiten sich Reformer und Traditionalisten auch über die beste Art, Schülern mathematische Techniken beizubringen. Während Ralston den Schülern gestatten will, zur Entwicklung mathematischer Fähigkeiten die ihnen am besten zusagenden Methoden selber zu entwickeln, spricht sich de Shalit für die Konzentration auf die Standardmethoden aus. Es sei illusorisch, von Zehnjährigen die Entdeckung mathematischer Methoden zu erwarten, die zu den grössten Errungenschaften der alten Hindus und Araber zählten. Erst nach der Meisterung dieser Standardmethoden sei Eigeninitiative zulässig, zum Beispiel die Vertauschung der Multiplikanden.

Der sachkundige Umgang mit mathematischen Techniken sollte für Lehrer nicht der einzige und nicht einmal der wichtigste Aspekt des Mathematikunterrichts sein. De Shalit unterstrich, dass zur Lösung von Textproblemen wichtige Fähigkeiten nötig seien – zum Beispiel die Unterscheidung zwischen relevanten und irrelevanten Daten, die geschickte Auswahl der Variablen, die Übersetzung von Prosa in eine algebraische Formulierung –, lange bevor die reine Technik zur Lösung von Gleichungen zum Zuge kommen könne. Wie in der Geometrie: Vor dem Einsatz rechnerischer Fertigkeiten zur Berechnung müssen Figuren massstabsgetreu gezeichnet, Objekte zerlegt, verdeckte Teile erkannt werden.

In der Diskussion über den Wert mathematischer Tests waren sich die beiden Seiten einig, dass es sich hier um eine politische Frage handle und dass die Fixierung auf standardisierte Tests Lehrer bei der Unterrichtsgestaltung einschränke. Doch für Traditionalisten haben standardisierte Tests durchaus ihren Wert, solange Klarheit darüber bestehe, was geprüft werden solle. Soll der Test angelerntes Wissen oder zukünftiges Potenzial prüfen, algorithmische oder kreative Fähigkeiten? Dient er zur Zulassung an eine Hochschule oder zum Vergleich verschiedener Schulen oder Lehrprogramme?

Die Reformer dagegen halten standardisierte Tests für ein einziges Übel. Als Beispiel führte Ralston das von der amerikanischen Regierung im Jahre 2002 erlassene Förderungsgesetz «No child left behind» an, dessen

Erfolg durch Standardtests gemessen wird. Der Druck auf die Lehrer habe dazu geführt, dass bloss Routinefertigkeit statt der Fähigkeit zur Problemlösung gefördert werde, dass vielleicht bessere Testresultate, doch keine Verbesserung der mathematischen Fähigkeiten erreicht werde. Ralston will Tests einzig zu diagnostischen Zwecken gelten lassen, also um Erfolg oder Misserfolg einer Methode feststellen zu können.

Interdisziplinäres

Die Mathematik beginnt zu erzählen (Literatur)

Mathematik ist eine Disziplin mit rigorosen Vorschriften und einer Reputation für strengste Genauigkeit. Präzise Definitionen, knapp formulierte Lehrsätze sowie Beweise, die auf die allerwichtigsten Aussagen beschränkt sind und keinen Raum für Interpretationen zulassen, sind die Werkzeuge dieser Wissenschaft. Nicht die geringste Unsicherheit darf bestehen, was genau gemeint ist, und am Wahrheitsgehalt der Aussagen darf es keine Zweifel geben.

Im Gegensatz dazu hat die Literatur völlig andere Spielregeln. Umrisshafte Beschreibungen und mehrdeutige Anspielungen sind gang und gäbe. Autoren besitzen poetische Freiheiten, dürfen über- und untertreiben. Der Leser seinerseits kann seiner Phantasie freien Lauf lassen, das Gelesene deuten und auslegen, wie er will, und denselben Text je nach Gemütszustand verschieden beurteilen. Können diese beiden Formen kreativen Schaffens angesichts der Unterschiedlichkeiten unter einen Hut gebracht werden?

Auf den ersten Blick scheint dies nicht möglich. Im Gegensatz zu Naturwissenschaftern wie Biologen, Chemiker und Physiker befassen sich Mathematiker mit hoch abstrakten Objekten, die oft nichts mit alltäglicher

Erfahrung gemeinsam haben. Deren Beschreibung bedingt eine eigene Sprache – nicht nur einen Fachjargon, sondern auch eine eigene Syntax. Mathematische Veröffentlichungen sind derart abstrakt geworden, dass sie oft nicht einmal von Kollegen, die in benachbarten mathematischen Gebieten arbeiten, verstanden werden. Publikationen in wissenschaftlichen Zeitschriften sind nicht mehr ein Vehikel zur Verbreitung neuer Ideen, sondern bloss noch ein Gütesiegel für die Eingeweihten. Von den wenigen Lesern – oft nicht mehr als einem knappen Dutzend auf der ganzen Welt – wird erwartet, dass sie Jahre mit der Materie zugebracht haben.

Somit ist es nicht erstaunlich, dass die Mathematik in der Öffentlichkeit fast als Geheimwissenschaft gilt. Viele Mathematiker sind gar nicht so unglücklich über diesen Zustand. Sie wollen in ihren Elfenbeintürmen ungestört ihrer Forschung nachgehen. Und da die mathematische Forschung nur wenig öffentliche Gelder verschlingt, halten es ihre Vertreter nicht für nötig, ihre Arbeit öffentlich zu rechtfertigen.

Aber zunehmend beginnt sich die Einsicht durchzusetzen, dass die Abnabelung der Mathematik von der allgemeinen Kultur beiden Seiten schadet. Zudem haben auch Laien erkannt, dass Mathematik in allen Lebensbereichen unabdingbar ist, und wollen gerne wissen, wie Mathematiker ihre Wissenschaft betreiben. In den vergangenen beiden Jahrzehnten entdeckten Schriftsteller denn auch ein neues Genre: das mathematische Sachbuch und den mathematischen Roman. Die elitäre, isolationistische Haltung, die sich in dem Verweis über dem Eingangstor zu Platons Akademie – «Kein der Mathematik Unkundiger trete hier ein» – während zweieinhalb Jahrtausenden ausgedrückt hatte, ist zu Ende.

Die Ära des Geschichtenerzählens ist angebrochen. Seit einigen Jahren wird mathematisches Wissen auch Interessierten ausserhalb der Zunft und sogar Leuten, die einfach unterhalten werden wollen, zugänglich gemacht. Dutzende von Bestsellern folgen sich, Filme wie «A Beautiful Mind» und «Goodwill Hunting» wurden zu Kassenschlagern, eine TV-Serie wie «Numb3rs» verzeichnet höchste Einschaltquoten, und Theaterstücke wie «Arcadia» oder «Proof» spielen vor ausverkauften Häusern.

Einer, der auf diesem Gebiet Pionierarbeit geleistet hat, ist Apostolos Doxiadis, dessen Buch «Onkel Petros und die Goldbachsche Vermutung» ein internationaler Bestseller wurde. Zur Weiterentwicklung eines erzählerischen Zugangs zur Mathematik gründete Doxiadis eine Organisation namens «Thales and Friends». Diese organisierte im Sommer 2005 eine erste Fachtagung auf der griechischen Insel Mykonos unter dem Titel «Mathematics and Narrative».

Die Fusion von Mathematik und Geschichtenerzählen ist nicht nur für Laien von Nutzen. Auch ausgewiesene Fachleute profitieren, wenn Fachjargon und die traditionelle mathematische Triade – Voraussetzung, Behauptung, Beweis – beiseite gelassen werden. Persi Diaconis von der Stanford-Universität, einer der weltweit führenden Statistiker, verriet, dass er sich mit einem Problem bloss befassen könne, wenn er auch dessen Geschichte kenne: Wer interessiert sich dafür, wo stammt es her, was wird passieren, wenn es einmal gelöst ist? Zum Beispiel konnte er sich für ein bestimmtes Problem, das Kombinatorik, Algebra und Funktionentheorie umfasst, erst erwärmen, nachdem er es in die Frage gekleidet hatte, wie oft Spielkarten geriffelt werden müssen, damit sie richtig durchmischt sind (Antwort: siebenmal). Und Barry Mazur von der Harvard-Universität gab zu, dass er den tieferen Sinn einer bestimmten Fragestellung aus der Zahlentheorie, mit der er viele Jahre zugebracht hatte, erst richtig begriff, nachdem er sie in allgemein verständliche Worte gefasst hatte, um das Problem Kollegen aus andern Fachrichtungen zu erklären.

Da mit diesem literarischen Genre Neuland betreten wird, müssen nun die zulässigen stilistischen Mittel herausgearbeitet werden. Wie exakt muss man sein? Darf dem Leser zuliebe vereinfacht werden? Wie weit muss der Autor mathematischer Rigorosität verpflichtet bleiben? Der Wissenschaftshistoriker Leo Corry von der Universität Tel Aviv veranschaulichte das Dilemma an einem Beispiel aus einem andern Gebiet kulturellen Schaffens. Hat der Film «Amadeus» der Musik Mozarts in der Öffentlichkeit zu mehr Anerkennung verholfen, oder haben die zahlreichen Ungenauigkeiten und Fehler unwiderrufliche Missverständnisse hinterlassen? Die zum Teil heftigen Diskussionen in Mykonos bezeugen, dass man von einer «unité de doctrine» noch weit entfernt ist.

Muster im Briefverkehr (E-Mails)

Charles Darwin (1809–1882) und Albert Einstein (1879–1955) waren überaus produktive Briefschreiber. Von Darwin sind 7591 abgegangene und 6530 angekommene Briefe bekannt. Einsteins Schriftverkehr umfasst mindestens 14 500 abgeschickte und 16 200 eingegangene Briefe. Der Physiker Albert-László Barabási und sein Student João Gama Oliveira von der University of Notre Dame in Indiana haben untersucht, welche Zeitspanne Darwin und Einstein zwischen dem Erhalt eines Briefes und seiner Beantwortung verstreichen liessen. Dabei haben sie festgestellt, dass das Korrespondenzverhalten der beiden ein ähnliches Muster aufweist wie das von heutigen E-Mail-Schreibern.

Einstein beantwortete etwa ein Viertel der an ihn gerichteten Briefe, über die Hälfte davon innerhalb von zehn Tagen. Darwin reagierte auf ein Drittel der Briefeschreiber; zwei Drittel der Antworten schrieb er innert zehn Tagen. Ein Briefpartner musste allerdings 30 Jahre auf eine Antwort warten. Interessanter ist allerdings das Verhalten zwischen diesen Extremen. Wie Barabási und Oliveira ableiteten, folgen die Wartezeiten, die Darwin und Einstein zwischen Erhalt und Beantwortung eines Briefes verstreichen liessen, einem Skalierungsgesetz: Die

Wahrscheinlichkeit, einen Brief nach genau T Tagen zu beantworten, nimmt gemäss $T^{-\alpha}$ ab. Dabei überraschte, dass der Exponent α für beide Wissenschafter fast übereinstimmte. Bei Darwin betrug er 1,45, bei Einstein 1,47.

Frappierend erschien den Autoren ausserdem die Ähnlichkeit mit dem elektronischen Briefverkehr. In einer früheren Arbeit hatte Barabási festgestellt, dass die E-Mail-Korrespondenz zufällig ausgewählter Personen ebenfalls einem Skalierungsgesetz gehorcht. Die Autoren führen die Ähnlichkeiten darauf zurück, dass Briefschreiber ihre eingehende Post sowohl im E-Mail- als auch im Briefverkehr nach ihrer Bedeutung ordnen und dann gemäss der «Theorie der Warteschlangen» beantworten. Ein Ergebnis dieser Theorie sind Wartezeiten, die wie $T^{-\alpha}$ abnehmen.

Von der Fachwelt wurde die in der Zeitschrift *Nature* publizierte Studie zurückhaltend bis ablehnend aufgenommen. So nennt Luis Amaral von der Northwestern University in Evanston die Schlussfolgerungen der beiden Autoren Unsinn. Zusammen mit zwei Kollegen hatte er die frühere Arbeit Barabásis einer erneuten Analyse unterzogen und war dabei zu dem Schluss gekommen, dass die sogenannte log-normale Verteilung die Situation viel besser beschreibe. Diese Verteilung kann aber nicht durch Warteschlangen entstehen. Im Weiteren gab die verantwortliche Redaktorin von *Nature* zu, dass die von Oliveira und Barabási präsentierten Daten geglättet worden seien, ohne dass dies kenntlich gemacht worden sei.

Schliesslich führt die Studie auch zu einer erklärungsbedürftigen Schlussfolgerung. Der Exponent α betrug für

E-Mails nämlich bloss 1,0, was laut einer schriftlichen Mitteilung Oliveiras im Prinzip bedeutet, dass Einstein und Darwin ihren Partnern rascher antworteten als heutige E-Mail-Schreiber. Dieses etwas widersinnige Resultat erklärt er damit, dass bei der statistischen Auswertung der Daten unterschiedliche Intervalle (Sekunden für E-Mails, Tage für Briefe) und Zeitspannen (80 Tage für E-Mails, 30 Jahre für Briefe) zugrunde gelegt wurden. Armin Bunde von der Universität Giessen meint, dass die Schlussfolgerung möglicherweise gar nicht so unsinnig sei, wie es scheine. Heutzutage würden eben viel mehr E-Mails geschrieben als früher Briefe. Die langen Wartezeiten der vielen unwichtigen E-Mails könnten dann im Gegensatz zum schriftlichen Briefverkehr die Antwortzeiten dominieren.

Die Mathematik gibt dem Arzt den Durchblick
(Medizin)

Seit dem Einzug von Computern in die Medizin ist es die Mathematik, die neuartige Techniken der Bildgebung vom Körperinneren ermöglicht. Zum Beispiel konnten ab den 1970er-Jahren aus einer Reihe zweidimensionaler Röntgenbilder Querschnittbilder und sogar dreidimensionale Modelle des Körperinnern dargestellt werden. Die computergestützte Tomografie ist heute aus der medizinischen Diagnostik nicht mehr wegzudenken. Später ermöglichte die Kombination physikalischer und mathematischer Erkenntnisse die Entwicklung anderer Methoden der Durchleuchtung, wie die Magnetresonanztomografie oder die Positronen-emissionstomografie.

Selbst Fachleuten fällt die Erkennung einer kleinen Deformation oder eines Tumors im Frühstadium oft schwer. Während der letzten beiden Jahrzehnte konnte die Qualität der Bilder jedoch mit mathematischen Hilfsmitteln signifikant verbessert werden. In einem Artikel, der im Juli 2006 im *Bulletin of the American Mathematical Society* erschien, beschreiben der Mathematiker Sigurd Angenent und die Ingenieure Eric Pichon und Allen Tannenbaum, wie die Mathematik in der diagnostischen Bildgebung der Physik unter die

Arme greift. Zu den Problemen, die mit mathematischen Mitteln angegangen werden können, gehören unter anderem schlechter Kontrast und unscharfe Auflösung von Röntgenbildern, hohes Rauschen bei Ultraschallaufnahmen oder durch Implantate hervorgerufene geometrische Deformationen in der Magnetresonanztomografie. Drei Techniken der diagnostischen Bildgebung, zu denen Computeralgorithmen wichtige Beiträge leisten, sind die Glättung, Überlagerung und Segmentierung von Bildern. Ziel der Glättung ist es, ein Bild so zu vereinfachen, dass es von einem Fachmann analysiert werden kann. Dies kann durch eine rechnerische Reduzierung des Rauschens erzielt werden, wobei allerdings Sorge getragen werden muss, dass wichtige Details des Bildes nicht unterschlagen werden. Frühe Methoden der Rauschunterdrückung ersetzten den Grau- oder Farbwert jedes Pixels auf dem Bild mit einem gewichteten Mittel der Grau- oder Farbwerte aller in der Umgebung liegenden Pixel. Solche Filter erlaubten zwar die Hervorhebung unscharfer Linien, führten aber oft zu Verschmierungen. Daraufhin wurden ausgeklügeltere mathematische Techniken entwickelt, wie nicht lineare Filter, oder Methoden, die die Krümmungen der zu glättenden Linien verfolgen und dadurch Verwischungen vermeiden.

Bei der Bildsegmentierung geht es darum, homogene, der Anatomie entsprechende Regionen zu identifizieren. Der menschliche Geist tendiert dazu, noch in Regenwolken vermeintliche Gebilde zu erkennen und wirklich vorhandene Muster zu übersehen. Die Aufgabe der

Mathematik besteht nun darin, das Diagnosebild objektiv in Regionen zu unterteilen, die den tatsächlich existierenden anatomischen Strukturen entsprechen.

Im Prinzip gibt es zwei Arten der Segmentierung. Entweder wird das ganze Bild zu Anfang als eine einzige Region betrachtet, die dann laut vorgegebenen Kriterien unterteilt wird, oder man beginnt an einem einzelnen Punkt, von dem man sicher ist, dass er im Inneren beispielsweise zu einem bestimmten Organ gehört, und fügt umliegende Gebiete hinzu, die ebenfalls zu diesem Organ gehören.

Oft will der Arzt ein Bild mit Aufnahmen aus einer früheren Zeit oder von einem andern Patienten vergleichen, um die zeitliche Entwicklung eines Patienten zu kontrollieren oder ihn mit andern Patienten zu vergleichen. Dazu identifiziert man charakteristische Merkmale in den Aufnahmen, die sodann – als Fixpunkte markiert – übereinander gelegt werden.

Dann müssen die Regionen zwischen den Fixpunkten kontinuierlich gestreckt oder gestaucht werden, ohne dass ihre geometrische Form verfälscht wird. Dazu benötigt man ein Mass für die Ähnlichkeit von Bildern sowie Transformationsfunktionen, die die Ähnlichkeit maximieren, aber reale Abweichungen beibehalten. So kann etwa aus zwei Bildern des Herzens – eines im angespannten, eines im entspannten Zustand – der systolisch-diastolische Zyklus rekonstruiert werden. Noch kann keines der beschriebenen Probleme zur völligen Zufriedenheit gelöst werden. Die Autoren beenden deshalb ihre Übersicht mit dem Aufruf: «We can use all the help we can get.»

Kooperatives Verhalten erzwingen
(Sozialwissenschaften)

Die Frage, wie sich in Gemeinschaften, deren Mitglieder vor allem das eigene Wohl im Auge haben, Altruismus oder Kooperation durchsetzen können, ist gegenwärtig ein aktives Forschungsgebiet. In einer theoretischen Arbeit haben Wissenschafter von der Universität Wien und der Harvard University anhand von Modellrechnungen gezeigt, dass die Möglichkeit zu strafen in einer Gemeinschaft zur Kooperation führen kann. Die Bedingung ist allerdings, dass die Mitgliedschaft in der Gemeinschaft freiwillig ist.

Die Forscher erstellten folgendes Modell: Individuen haben die Möglichkeit, ein sicheres Einkommen zu beziehen oder an einem risikoreichen Spiel teilzunehmen. Bei diesem Spiel können die Teilnehmer einen Einsatz zahlen oder sich darum drücken. Die Gesamteinnahmen werden – um einen Gewinn vermehrt – zu gleichen Teilen an alle Teilnehmer ausgezahlt, auch an die Trittbrettfahrer. Sind genügend Spieler bereit, ihren Obolus zu entrichten, ist das Spiel für alle von Vorteil. Wenn aber zu viele Trittbrettfahrer versuchen, vom guten Willen der Spender zu profitieren, geraten Letztere ins Hintertreffen. Das Resultat ist, dass schliesslich alle zu Trittbrettfahrern werden. Damit dies nicht eintritt, haben im Modell Spender die Möglichkeit, Trittbrettfahrern eine Geldbusse aufzuerlegen. Allerdings ist das Erzwingen der Busse mit persönlichen Kosten verbunden, weshalb nicht jeder Spender bereit ist, gleichzeitig auch als Bestrafer zu wirken. Insgesamt sind also vier Strategien möglich: Nichtteilnehmer verzichten auf das Spiel. Trittbrettfahrer nehmen teil, leisten aber keine Zahlungen. Spender leisten ihren Einsatz, verzichten aber auf Strafverfolgungen. Und die Bestrafer zahlen nicht nur, sondern engagieren sich auch für die Bestrafung der Trittbrettfahrer.

In allen vier Kategorien starten nun unterschiedlich viele «Spieler» und verhalten sich während vieler Durchgänge entsprechend ihrer Kategorie. Von Zeit zu Zeit adaptieren sie jedoch mit einer gewissen Wahrscheinlichkeit ihr Verhalten, indem sie die Strategie erfolgreicherer Kollegen übernehmen. Ausserdem kommt es zu zufälligen Kategoriewechseln. Von Interesse ist, welche Strategie mit der Zeit die Oberhand in der Gemeinschaft gewinnt. Wenn die Rate von Wechseln verschwindend klein ist, lässt sich das Verhalten der Spieler berechnen, andernfalls muss es simuliert werden. Die Resultate waren erstaunlich. Ist die Teilnahme an dem Spiel obligatorisch und gibt es nur normale Spender und Trittbrettfahrer, so gehören bald die meisten zu letzterer Kategorie. Daran ändert sich auch nichts, wenn Bestrafer auf den Plan treten. Sie können sich gegen die vielen Trittbrettfahrer nicht durchsetzen.

Ist die Teilnahme an dem Spiel jedoch freiwillig – steht es dem Einzelnen also offen, ein sicheres Einkommen zu beziehen –, wechseln viele Trittbrettfahrer in die

Kategorie der Nichtteilnehmer. Nach einer Weile dominieren in der verbliebenen Gruppe Spender oder Bestrafer. Dominieren Spender, kann sich die Gruppe nicht lange halten, da sie bald von Trittbrettfahrern heimgesucht wird. Deshalb haben einzig Gruppen, in denen Bestrafer dominieren, Bestand. Dies führt dazu, dass im Spiel bald alle kooperieren.

Das paradoxe Resultat ist, dass bei einem gemeinsamen Unterfangen Kooperation durch Strafe erzwungen werden kann, aber nur, wenn die Personen freiwillig mitmachen. Dies hatte der Wirtschaftsprofessor Milton Friedman während der Debatte in Amerika zur Freiwilligenarmee intuitiv erfasst, als er sagte, dass er eine Söldnerarmee einer Armee von Sklaven vorziehe. In der gefürchteten Fremdenlegion, der sich Söldner freiwillig anschliessen, ist die Disziplin ja legendär, während es mit ihr im obligatorischen Wehrdienst bekanntlich oft hapert.

Meins klingelt anders (Mobiltelefonie)

Wer hat nicht schon beim Klingeln eines Mobiltelefons hastig in die Tasche gegriffen, nur um festzustellen, dass es das Handy des Nachbarn war, das geläutet hat. Zu oft summen, surren und zwitschern die Handys mit den gleichen Tönen, auch wenn man sich für gutes Geld einen ganz persönlichen Klingelton von einer spezialisierten Website heruntergeladen hat.

Mit solchen Verwechslungen hat es nun aber ein Ende. Jedermann, der bereit ist, 2 Dollar auszugeben, kann von der Softwarefirma Wolfram Corporation einen Klingelton kaufen, den mit an Sicherheit grenzender Wahrscheinlichkeit kein anderer Handybenutzer besitzt.

Die «Wolfram Tones» sind ein Geisteskind des englischen Physikers Stephen Wolfram, der vor drei Jahren mit dem Buch «A New Kind of Science» in beispielloser Selbstinszenierung Furore machte. Auf 1200 Seiten hatte er in dem Werk argumentiert, dass alle Phänomene der Natur auf Prozessen beruhen, die auf Computern durch sogenannte zelluläre Automaten simuliert werden können.

Das auf Englisch «Cellular automaton» genannte Computerprogramm hat nichts mit dem Begriff «Cell phone» gemeinsam, sondern beruht auf einer mathematischen Theorie, die in den 1940er-Jahren von dem in Princeton wirkenden Mathematiker John von Neumann ins Leben gerufen wurde.

Der Rechenprozess beginnt mit einer horizontal angeordneten Reihe von Quadraten (Zellen), die entweder schwarz oder weiss gefärbt sind. Die Quadrate in der nächsten Reihe werden auch gefärbt, je nachdem, welche Farbe die Quadrate in der ersten Reihe besitzen. Die Regeln sind denkbar einfach. Eine von ihnen lautet zum Beispiel «Färbe ein Quadrat schwarz, falls zwei der drei über ihm liegenden Quadrate schwarz sind, sonst färbe es weiss». Sind einmal alle Quadrate der zweiten Reihe schwarz oder weiss koloriert, fährt man in der gleichen Weise mit den folgenden Reihen fort.

Die Regeln sind so simpel, dass man meinen würde, sie könnten nichts Interessantes erzeugen. Aber das genaue Gegenteil ist der Fall. Je nach den angewendeten Regeln entstehen die verschiedenartigsten Muster. Einige repetieren sich ständig, andere scheinen völlig zufällig. Wolframs Verdienst war es, die komplexen Phänomene, die mittels der Regeln entstehen, zu kategorisieren und den mathematischen Unterbau für die von John von Neumann nicht weiter beachtete Theorie zu liefern.

Wolfram behauptet in seinem Buch, dass alle Naturphänomene auf zellulären Automaten beruhten. Bei Schneekristallen und gewissen Muscheln mag die These vielleicht noch angehen, da deren Muster tatsächlich an zelluläre Automaten erinnern. Aber dass alle Naturerscheinungen auf simplen, sich ständig wiederholenden

Regeln beruhen, ist eine sehr gewagte These. Sie wurde dann auch von Wissenschaftern nicht gerade mit offenen Armen aufgenommen. Denn dass ein Phänomen von einem Computerprogramm simuliert werden kann, ist noch keineswegs ein Beweis dafür, dass es auch so entstanden ist.

Seitdem ist es wieder ruhig geworden um den Engländer, der sich seinerzeit zum Genie hochstilisiert hatte. Um sein Auskommen muss sich Wolfram nicht sorgen, denn das Hauptprodukt seiner Firma, ein millionenfach verkauftes Softwarepaket namens «Mathematica», gilt seit Jahren als führend in den Natur- und Ingenieurwissenschaften. Also konnte sich Wolfram weiter seiner Forschung hingeben. Eines der Resultate sind nun die Klingeltöne.

Sie beruhen – wie könnte es anders sein – auf zellulären Automaten. Zusammen mit dem Computerwissenschafter Peter Overmann entwickelte Wolfram ein Verfahren, das die gefärbten Zellen je nach ihrer Position in musikalische Noten übersetzt. Erstaunlicherweise tönen die solcherart erzeugten Melodien keineswegs banal. Es ist das Wesen zellulärer Automaten, dass die von ihnen erzeugten Melodien genügend Regelmässigkeit besitzen, um nicht total chaotisch zu sein, gleichzeitig aber genügend unregelmässig sind, um interessant zu tönen.

Zu finden sind die Klingeltöne auf der Internetseite tones.wolfram.com. Da wählt man zuerst ein Genre, wie zum Beispiel Jazz, Country, Klassik. Auf einen Mausklick durchsucht Wolframs Computerprogramm sodann das 10^{27} potenzielle Stücke umfassende Universum nach

Melodien, die den Charakteristiken dieser Stilrichtung entsprechen.

Mit jedem Klick ertönt ein neues, 30 Sekunden langes Stück. Manche gefallen, manche sind weniger ansprechend. Aber eines ist praktisch sicher: Keine dieser Melodien wurde je von einem Menschenohr gehört. Schliesslich kann der Klingelton noch dem persönlichen Geschmack angepasst werden. Zum Beispiel kann man bestimmte Instrumente auswählen, das Tempo variieren und sogar ein Schlagzeug dazumischen.

Navigation als Kunst und Wissenschaft
(Kartografie)

För die alten Inder, Phönizier, Griechen und sogar für die Wikinger galt die Navigation noch als eine Kunst. Im Laufe der Zeit entwickelte sich diese Kunst jedoch immer mehr zu einer exakten Wissenschaft, die auch heute noch Stoff für mathematische Forschung bietet. Zum Beispiel wurden in einem im September 2006 im *Journal of Navigation* erschienenen Artikel die Fehler berechnet, die entstehen können, wenn der realen Erdkrümmung nicht exakt Rechnung getragen wird.

Schon die alten Griechen wussten, dass die Erde keine Scheibe ist. Sie hatten bemerkt, dass bei ankommenden Schiffen zuerst die Mastspitze am Horizont sichtbar wird und erst dann der Rumpf. Aus dieser Beobachtung schlossen sie, dass die Oberfläche der Erde gewölbt sein müsse. Eratosthenes gelang es im dritten Jahrhundert v. Chr. sogar, den Radius der Erde erstaunlich präzis zu berechnen.

Aber was für eine Form hat die Erde eigentlich? Die nahe liegende Annahme, dass sie eine reguläre Kugel sei, hielt sich bis ins 18. Jahrhundert. Als aber Isaac Newton seine Mechanik der Weltöffentlichkeit vorstellte, musste das Weltbild ein wenig zurechtgerückt werden. Es war bekannt, dass die Erde um eine durch den Nord- und

Südpol gehende Achse rotiert. Die damit verbundenen Fliehkräfte sollten zur Verbreiterung des Planeten auf Äquatorhöhe oder anders formuliert zu einer Abflachung der Pole führen. Laut Newton ist die Erde also keine Kugel, sondern ein abgeplattetes Ellipsoid.

Dies wollte im 18. Jahrhundert nicht jedermann glauben. Ein Jahrhundert früher hatte René Descartes eine Theorie entwickelt, laut der die Erde entlang ihrer Rotationsachse gestreckt sein müsse. Die Theorie, die vor allem in Frankreich sehr populär war und derjenigen des englischen Wissenschafters diametral entgegenstand, erhielt durch die Messungen der französischen Hofastronomen Jean-Dominique Cassini und Jacques Cassini eine vermeintliche Bestätigung. Ihre Messungen ergaben, dass die Erde, wie von Descartes postuliert, ein verlängertes Ellipsoid sein müsse.

Die geodätischen Arbeiten von Cassini senior und junior waren jedoch ungenau, und die Kontroverse wütete weiter. Um der Sache endgültig auf den Grund zu gehen, bewilligte die französische Académie des Sciences im Jahr 1734 zwei Expeditionen. Pierre Louis Moreau de Maupertuis machte sich mit einer Gruppe von Forschern nach Lappland auf, um die Erdkrümmung in der Nähe des Polarkreises zu messen; Charles de la Condamine begab sich mit seiner Equipe nach Peru, um sie in der Nähe des Äquators zu messen. Schiffsunglücke, Krankheiten, Stürme, Streitigkeiten und finanzielle Probleme machten den Expeditionen zu schaffen, doch nach zwei Jahren kehrte Maupertuis nach Paris zurück. La Condamine brauchte noch acht Jahre länger.

Ihre Messungen bestätigten Newtons Theorie. Obwohl sich im Laufe der Zeit herausstellte, dass auch ihre Vermessungen so ungenau waren, dass sie über die Form der Erde eigentlich gar nichts aussagten, sind sich Wissenschafter seitdem einig, dass die Erde keine reguläre Kugel ist, sondern ein an den Polen abgeflachtes und am Äquator ausgebuchtetes sogenanntes Geoid. Wenn es schon kompliziert genug gewesen war, die runde Erde auf flachen Karten darzustellen, so war die Kartografie durch die Entdeckung, dass die Erde ein Ellipsoid ist, noch anspruchsvoller geworden. Bei der Navigation musste nun auch noch in Betracht gezogen werden, dass die Erdkrümmung nicht überall konstant ist. Doch die Abweichungen sind klein: Der Radius vom Erdmittelpunkt zu den Polen (6357 km) ist bloss um 0,3 Prozent kürzer als der zum Äquator (6378 km). Der Einfachheit halber wird deshalb oft Kartenmaterial benützt, das auf einer regulären Kugel basiert.

Wie wirkt sich das auf die Navigation aus? Im *Journal of Navigation* berechnete Michael Earle, ein pensionierter Mikrowellen-Ingenieur, die entstehenden Abweichungen. Die Werkzeuge der sphärischen Trigonometrie erlauben es, Entfernungen auf gewölbten Oberflächen zu bestimmen.

Earle verglich die berechnete Entfernung zwischen zwei Punkten einmal, wenn sie auf einem Grosskreis der Kugel liegen, und einmal, wenn sie auf einer Grossellipse des Ellipsoids liegen. Dabei stellte er fest, dass die Abweichung höchstens in der Grössenordnung von 0,5 Prozent liegt. Ein solch kleiner Fehler ist in der normalen Schifffahrt fast vernachlässigbar. Aber wenn ein Schiff die letzten 200 Kilometer bei Nacht und Nebel anhand einer mithilfe der Sphäre hergestellten Karte navigiert, könnte es einen Kilometer abseits des Hafens landen.

Die Liebe zu den Warteschlangen (Logistik)

Warteschlangen sind ärgerlich – auch für Mathematiker. Dabei haben sie immerhin die Möglichkeit, ihr theoretisch erarbeitetes Wissen vom Anstehen in der Praxis zu verifizieren, zum Beispiel an der neuen Sechser-Express-Sesselbahn in Flims, wo die teilweise seit den 1960er-Jahren in Betrieb stehenden Doppelskilifte Mutta Rodunda und der Schlepplift Grisch im Dezember 2005 ersetzt wurden.

Die alten Anlagen hatten eine kombinierte Förderleistung von 3450 Personen pro Stunde, die hochmoderne neue schafft stündlich bis zu 3200 Passagiere, sofern sie störungsfrei funktioniert. Das war in der ersten Saison leider nicht der Fall, sodass zeitweilig nur 2700 Passagiere pro Stunde befördert werden konnten.

Da nun mehr Skifahrer unten ankamen, als die Bahn nach oben transportieren konnte, wuchs an der Talstation eine Schlange. Zwei Stunden nach Betriebsbeginn mussten Skifahrer schon eine 30-minütige Wartezeit erdulden.

Natürlich gibt es zu den leidigen Warteschlangen eine mathematische Theorie. Sie wurde 1909 mit einer Veröffentlichung des für die Kopenhagener Telefon-Aktiengesellschaft arbeitenden Mathematikers Agner Krarup

Erlang ins Leben gerufen. In seiner bahnbrechenden Arbeit studierte der Däne den Telefonverkehr seiner Firma und entwickelte eine Formel, die die Wahrscheinlichkeit angibt, mit der alle zur Verfügung stehenden Übermittlungskanäle belegt sind. Ausserdem erlaubt die Gleichung die Berechnung der mittleren Dauer von Wartezeiten. Weiterentwicklungen der Gleichung nutzt man auch heute noch, beispielsweise wenn in Callcentern berechnet wird, wie viele Telefonanschlüsse nötig sind.

Für unkundige Laien sind Warteschlangen immer ein unerfreulicher Anblick. Jede gleicht der andern, und immer sind sie mit verlorener Zeit verbunden. Der Fachmann aber erkennt subtile Unterschiede. Er interessiert sich beispielsweise dafür, in welcher zeitlichen Verteilung die Kunden eintreffen: Ganz zufällig und unabhängig voneinander, wie zum Beispiel die Autos an einer Mautstelle, oder in einem bestimmten Rhythmus, zum Beispiel bei der Passkontrolle am Flughafen, wo das Passagieraufkommen von den Landezeiten der Flugzeuge abhängt.

Hinter dem Begriff der Warteschlange verbirgt sich also mehr als eine Ansammlung schlecht gelaunter Menschen. Eine weitere charakteristische Eigenschaft ist die Reihenfolge der Bedienung, die sogenannte Warteschlangendisziplin. Ankommende können in der Ordnung ihrer Ankunftszeit bedient werden, so wie Fahrzeuge bei einer Ampel losfahren, die von Rot auf Grün wechselt. Oder sie können in umgekehrter Reihenfolge bedient werden, so wie Passagiere aus einem Lift aussteigen. Eine kluge Abfertigungsmethode besteht darin, diejenigen Wartenden zuerst zu bedienen, deren Anliegen die kürzeste Zeit benötigt. Damit wird die Summe der Wartezeiten aller Klienten minimiert.

1961 entwickelte John D. C. Little, Marketingprofessor am amerikanischen MIT, ein nach ihm benanntes Gesetz, das auf den ersten Blick trivial erscheint. Es besagt, dass die durchschnittliche Anzahl von Klienten in der Warteschlange gleich ist der durchschnittlichen Ankunftsrate multipliziert mit der durchschnittlichen Zeit, die sie im System verbringen. Kommen pro Stunde 60 Menschen an, und jeder wird in zehn Minuten durchgeschleust, so befinden sich im Mittel zu jedem Zeitpunkt zehn Menschen im System. Bemerkenswert an dem Gesetz ist, dass es für alle Ankunfts- und Bedienprozesse gilt und unabhängig von der Warteschlangendisziplin ist.

Eine wichtige Rolle neben der Wartezeit, die von Mathematikern meist unbeachtet gelassen wird, spielen psychologische Faktoren. Als Beispiel diene der Flughafen Zürich. Am Terminal 2 stehen mehrere Abfertigungsschalter zur Verfügung, und Passagiere stellen sich jeweils vor denjenigen mit der kürzesten Warteschlange. Pech, wenn dann der Vordermann einen Spezialwunsch erfüllt haben will.

Am Terminal 1 hingegen füttert eine lange Schlange alle Check-in-Schalter gemeinsam. Die durchschnittliche Abfertigungszeit ist kürzer als am Terminal 2. Trotzdem lassen sich viele Passagiere von den unterschiedlichen Längen der Schlangen täuschen. Eine noch unveröffentlichte Studie von vier Forschern am israelischen Technion zeigte, dass die meisten Befragten fälschlicherweise annehmen, dass die Wartezeiten bei mehreren Warteschlangen kürzer sind. Paradoxerweise zeigte die Studie aber auch, dass ein Grossteil der Befragten die einzelne Schlange trotz der vermeintlich längeren Wartezeit vorzieht. Die Autoren der Studie führen das darauf zurück, dass die Fairness der Bedienungsreihenfolge eine grössere Rolle spielt als die anscheinend längere Wartezeit.

Erziehung berechnen (Ökonomie und Pädagogik)

Welche Eltern kennen das Problem nicht? Man hätte so gerne ein wenig Zeit für sich, aber das weinende Kind verlangt Aufmerksamkeit. Man darf ihm aber nicht zu viel Beachtung schenken, denn man will es ja nicht verziehen und dadurch die Entwicklung zur Selbstständigkeit verzögern. Und was tun, wenn mehrere Kinder um die Aufmerksamkeit der Eltern buhlen?

Wie so viele Situationen des Alltagslebens kann auch diese mithilfe von Spieltheorie und dynamischen Optimierungsmethoden mathematisch modelliert werden. Michael Beenstock, ein Ökonometriker der Hebräischen Universität von Jerusalem, präsentierte in einem Seminar seine noch unveröffentlichte Arbeit über Wechselbeziehungen in der Familie. Sie illustriert, wie und warum die Mathematik alltägliche Sachverhalte modellieren soll.

Eltern und Kind besitzen Nutzenfunktionen, die maximiert werden sollen. Der Nutzen des Kindes ist direkt proportional zur Zeit, die die Eltern für es aufwenden, und umgekehrt proportional zu der Quantität, die es weinen muss, um sein Leid zu signalisieren. Der Nutzen der Eltern hängt vom Nutzen des Kindes ab – je zufriedener das Kind, desto glücklicher die Eltern –, sowie von der Zeit, die ihnen für sich selber übrig bleibt.

Mit den Methoden der mathematischen Ökonomie kann berechnet werden, wie diese Faktoren gegeneinander abgewogen werden müssen, damit die verfügbare Zeit effizient aufgeteilt wird. Beenstocks Modell liefert die eher banalen Resultate, dass die Eltern am Punkt des ökonomischen Gleichgewichts umso mehr Zeit für das Kind aufwenden, je mehr es weint, dass widerstandsfähige Kinder glücklicher sind und weniger Aufmerksamkeit verlangen und dass Kinder, deren Eltern ihnen mehr Zeit widmen, weniger weinen. Die Situation kompliziert sich etwas, wenn mehrere Kinder um die begrenzte Zeit der Eltern konkurrieren. In diesem Fall ergibt das Modell das ebenfalls wenig überraschende Resultat, dass die zur Verfügung stehende Zeit zu gleichen Teilen auf alle Kinder aufgeteilt werden soll.

In einem zweiten Schritt rückte Beenstock zu einem dynamischen Modell vor, in dem die Nutzenfunktionen über einen Zeitraum hinweg maximiert werden sollen. Da ein Nutzen in der Zukunft weniger bedeutet als eine sofortige Belohnung, braucht es dazu einen Diskontsatz, durch den – wie in der Finanztheorie – einem später eintretenden Nutzen weniger Gewicht verliehen wird. Das Kind soll nun nicht mehr bloss kurzfristig zum Schweigen gebracht, sondern mit etwas weniger sofortiger Aufmerksamkeit zu späterer Selbstständigkeit erzogen werden. Von den Eltern wird erwartet, dass sie strategisch denken und die Entwicklung des Kindes langfristig optimieren. Das Verhalten ungeduldiger Eltern wird deshalb mit einem hohen Diskontsatz berechnet: Im Versuch, das Kind zufriedenzustellen, werden sie ihm schnell und viel Zeit widmen und damit seine Entwicklung zur Selbstständigkeit verzögern. Andererseits entwickeln sich mit Mass beruhigte Kinder rascher, ihre Widerstandsfähigkeit steigt, und sie brauchen zunehmend weniger Aufmerksamkeit. Dies wiederum erhöht den Gesamtnutzen von Eltern und Kind. Wie immer, wenn gegensätzliche Faktoren wirken, geht es darum, das Gleichgewicht zu finden.

Warum einen so banalen Sachverhalt überhaupt mathematisieren? In den Naturwissenschaften spielt die Mathematik seit Langem eine überragende Rolle. Danach fasste sie auch in den Sozialwissenschaften Fuss, vor allem in der Ökonomie. Optimierungs- und Kontrolltheorie können jedoch überall angewendet werden, wo Menschen Zielvorgaben haben und rational und effizient auf sie zustreben. Langsam machte die Mathematik deshalb auch in der Psychologie und bei der Beschreibung familiärer Interaktionen Fortschritte. Die Vorteile einer Mathematisierung sind die Formalisierung der Argumente und der damit einhergehende Zwang zu rigorosem Denken. Annahmen und Meinungen, die bei bloss in Worten gefassten Beschreibungen oft unbemerkt einfliessen oder untergehen, werden explizit gemacht. Beenstock etwa arbeitet an einem Modell, das zeigt, dass die Umschulung von Arbeitslosen im Gegensatz zur gängigen Meinung bei der Stellensuche nicht hilft.

Durch die Mathematisierung werden Zusammenhänge klarer, und komplexe Gegebenheiten können besser verstanden werden. Wie sollen sich etwa eine verdienende Mutter und ein arbeitsloser Vater die Aufgaben im Haushalt teilen? Ist ein Modell einmal abgesichert und sind die zugehörigen Parameter abgeschätzt, kann es möglicherweise sogar konkrete Antworten auf spezifische Fragen liefern.

Warum der Nachthimmel so dunkel ist
(Astrophysik)

Die Sonne, der Stern unseres Planetensystems, geht am Abend unter, aber dafür erscheinen unzählige andere Sterne am Himmel. Warum wird es also dunkel? Die Sterne sind zwar weiter entfernt und erscheinen daher kleiner als die Sonne. Aber ihre Oberfläche ist – auch von der Erde aus betrachtet – genauso hell wie die der Sonne. Unter der Annahme, dass das Universum unendlich ist und unendlich viele Sterne in ihm gleichmässig verteilt sind, sollte überall am Himmel irgendein Stern zu finden sein – ohne Lücke dazwischen. Die Nacht wäre so hell wie der Tag.

Johannes Kepler hatte sich schon zu Beginn des 17. Jahrhunderts die Frage überlegt. Er meinte, der dunkle Nachthimmel sei ein Beweis dafür, dass das Universum begrenzt sei und bloss eine endliche Zahl von Sternen enthalte. 1721 nahm der englische Astronom Edmund Halley das Thema auf, und im ersten Viertel des 19. Jahrhunderts versuchte der deutsche Arzt und Amateurastronom Heinrich Wilhelm Olbers, die Nachtfinsternis mit der Absorption der Strahlung durch interstellaren Staub zu erklären. 1848 zeigte der englische Mathematiker und Astronom John Herschel jedoch, dass diese Erklärung falsch ist, denn der Staub würde sich aufheizen und am Ende genauso hell leuchten wie die Sterne. Das Problem des dunklen Nachthimmels ist seitdem unter dem Namen olberssches Paradoxon bekannt.

Die heute allgemein akzeptierte Antwort auf die Frage nach dem dunklen Nachthimmel ist, dass das Universum nicht unendlich alt ist und sich ausdehnt. Dadurch verschiebt sich die Frequenz des Lichts zu niedrigeren Energien, und die Nacht wird dunkel.

Aber auch andere Erklärungen sind möglich. Die Annahme, dass Sterne im Universum gleichmässig verteilt sind, hat sich nämlich ebenfalls als falsch erwiesen. Heute weiss man, dass sich Sterne in Sternenhaufen und Galaxien zusammenfinden. Zwischen diesen Strukturen finden sich dunkle Flecken, die den grössten Teil des Nachthimmels einnehmen.

Charakterisieren lässt sich die inhomogene Verteilung der Sterne durch eine Masszahl, die sogenannte fraktale Dimension. Liegt ihr Wert bei 3, dann sind die Sterne gleichmässig im Raum verteilt, sie nutzen sozusagen alle drei Raumdimensionen gleichberechtigt aus. Falls sich aber Strukturen (Galaxien, Sternenhaufen usw.) ausbilden, sinkt die fraktale Dimension auf Werte unter 3 – die Masse verteilt sich dann nicht mehr gleichmässig auf den dreidimensionalen Raum.

Von der Erde aus lässt sich die fraktale Dimension des Sternenhimmels allerdings nicht korrekt bestimmen, weil sich die Galaxien hintereinander verstecken, sofern die Dimension grösser als 2 ist.

2007 haben Andrzej Stasiak von der Universität Lausanne und Yuanan Diao von der University of North

Carolina einen neuen Zugang versucht, um der nächtlichen Finsternis auf die Spur zu kommen. In einer Arbeit, die im *Journal of Contemporary Mathematical Sciences* erschien, benützen die Wissenschafter ursprünglich für die kleine Welt der Moleküle entwickelte Methoden, um die Ordnung des grossen Weltalls besser zu verstehen.

Die Polymerphysik beschäftigt sich mit Makromolekülen, in denen Atome wie auf einer langen Perlenkette aneinandergereiht sind. Nach jeder Perle ändert die Kette in einem zufälligen Winkel ihre Richtung. Der Prozess, wie sich die Atome unter diesem Vorgang im Raum verteilen, wird Zufallsbewegung genannt. Wenn sich die Atome zudem gegenseitig abstossen, spricht man von einer selbstvermeidenden Zufallsbewegung. Da sich entfernte Galaxien aufgrund der dunklen Energie tatsächlich gegenseitig abstossen, stellen Makromoleküle für Diao und Stasiak das geeignete Modell für die Verteilung der Himmelskörper dar.

Die Verteilung der Atome wurde in der Polymerphysik schon genau untersucht. Diao und Stasiak konnten – auf diesen Vorarbeiten aufbauend – die Fläche berechnen, die die sichtbaren Sterne am Firmament einnehmen würden. Dabei kamen sie zu dem Schluss, dass die Sterne wegen der selbstvermeidenden Zufallsbewegungen nur einen verschwindend kleinen Teil des Nachthimmels überdecken würden – sogar wenn es unendlich viele Sterne gäbe. Das endliche Alter wäre also zur Erklärung des olbersschen Paradoxons gar nicht nötig. Auch ein unendlich altes, statisches Universum könnte uns eine finstere Nacht bescheren.

Wenn Wähler Noten geben dürften
(Politische Wissenschaften)

Anfang Mai 2007 hat Nicolas Sarkozy die französischen Präsidentschaftswahlen bekanntlich mit deutlichem Vorsprung gewonnen. Und doch lehnen viele Franzosen den neuen Präsidenten ab, denn kaum ein Politiker polarisiert so stark wie er. Ist Sarkozy also wirklich der bevorzugte Kandidat der Franzosen, oder hätte ein anderes, ebenso demokratisches Wahlsystem vielleicht einen andern Sieger hervorgebracht?

Bei allem Stolz auf unsere demokratischen Einrichtungen ist es schon ein wenig frustrierend, dass die Stimmberechtigten bei Wahlen ihre Stimme jeweils bloss für einen einzigen Kandidaten oder eine einzige Partei abgeben können. Als Stimmbürger würde man gerne mehr ausdrücken, zum Beispiel, welchen Kandidaten man für den zweitbesten hält, und ob dieser Zweitrangierte bloss knapp oder weit hinter dem Erstrangierten liegt.

Diese unbefriedigende Situation veranlasste die Mathematiker Michel Balinksi und Rida Laraki von der École Polytechnique in Paris, bei den vergangenen Wahlen ein Verfahren mit erweiterten Abstimmmöglichkeiten auszuprobieren. Die von ihnen befragten Wähler teilen allen Kandidaten Prädikate zu, und zwar von «sehr gut» bis «abzulehnen». Sodann wird der sogenannte Zentralwert der abgegebenen Beurteilungen bestimmt: Bei «sehr gut» angefangen, rückt man auf der Liste der Prädikate so weit nach unten, bis mindestens die Hälfte aller Stimmen berücksichtigt ist. Wenn also 10 Prozent der Wähler einem Kandidaten ein «sehr gut» zuteilen, 15 Prozent ein «gut» und 25 Prozent ein «ziemlich gut», so lautet der Zentralwert «ziemlich gut».

Der Vorteil dieser Methode besteht darin, dass Wähler nicht nur ein einziges Votum abgeben, sondern ihre Bewertung aller Kandidaten mitteilen können und dass somit die Meinungen aller Wähler zu allen Kandidaten in die Auszählung einbezogen werden.

Um ihre Methode zu testen, baten Balinksi und Laraki die Stimmbürger in drei Wahllokalen in Orsay, zusätzlich zum normalen Stimmzettel ihren Fragebogen auszufüllen. Die Auswertung war überraschend: Den besten Zentralwert erhielt nämlich keiner der beiden Favoriten, sondern der Drittklassierte, François Bayrou. Ganze 69 Prozent der Wähler gaben ihm die Bewertung «ziemlich gut» oder besser, während Royal bloss 58 und Sarkozy sogar nur 53 entsprechende Prozent erhielten.

Der Grund für diese Umkehr des Resultats liegt darin, dass dieses Wahlsystem Kandidaten begünstigt, die wenig polarisieren. Ausschlaggebend für Bayrous gutes Abschneiden war denn auch, dass er bloss von 7 Prozent der Wähler radikal abgelehnt wurde, während die Ablehnungsraten für Royal bei 13 und für Sarkozy bei 28 Prozent lagen.

Wenn also – wie von Balinski und Laraki vorgeschlagen – die Meinungen aller Stimmbürger zu allen

Kandidaten in die Auswertung einbezogen werden, ergibt sich ein differenzierteres Bild der Bewerber. Ein weiterer Vorteil dieses Wahlverfahrens wäre, dass sich ein Kandidat nicht damit begnügen darf, die Zustimmung der Hälfte des Wahlvolkes zu erhalten. Er müsste sich vielmehr bei allen Bürgern um die besten Noten bemühen. Andererseits gewinnt hier unter Umständen ein Kandidat, der nur von einer kleinen Minderheit als der beste eingestuft wird.

Das von Balinski und Laraki entwickelte Wahlverfahren vermeidet jedoch die paradoxen Situationen, die man von andern Abstimmungsverfahren kennt. Stimmt man zum Beispiel paarweise zwischen mehreren Kandidaten ab, so kommt es auf die Reihenfolge der Abstimmungen an. Dies zeigte der Mathematiker und Staatsmann Marquis de Condorcet im 18. Jahrhundert. Wenn zum Beispiel 100 Bürger den Kandidaten A dem Kandidaten B vorziehen und diesen wiederum dem Kandidaten C (dargestellt als A > B > C), wenn ferner 100 weitere die Reihenfolge B > C > A bestimmen und nochmal 100 weitere C > A > B, dann ergibt sich daraus folgendes Paradox: Je 200 Stimmbürger ziehen A dem B vor, und B dem C. Man sollte also annehmen, dass A erst recht gegen C gewinnt. Doch gerade dies ist nicht der Fall. Im direkten Duell von A und C würde nämlich C mit 200 Stimmen gewählt. Es gilt also der Zyklus A > B > C > A, der als Condorcets Paradox bekannt ist.

Ein Zeitgenosse Condorcets, der Marineoffizier Jean-Charles de Borda, schlug deshalb eine Abstimmungsmethode vor, die solche Zyklen vermeidet. Im sogenannten Borda-System werden jedem Bewerber Punkte zugeteilt, der Kandidat mit der grössten Punktezahl gewinnt. Dieses System kann aber zu einem andern Paradoxon führen: Das Auftreten eines weiteren Bewerbers kann eine Umkehr des Resultats bewirken – auch dann, wenn der neue Bewerber selbst chancenlos ist. So zum Beispiel geschehen, als der Grüne Ralph Nader in den Wahlkampf zwischen Al Gore und George Bush stieg.

Tatsächlich bewies der spätere Nobelpreisträger der Wirtschaftswissenschaften Kenneth Arrows bereits 1951, dass es kein perfektes Wahlsystem geben kann. Jedes denkbare System, das vernünftigen Grundannahmen gehorcht – zum Beispiel, dass der Beitritt eines weiteren Kandidaten die Rangfolge der andern Kandidaten nicht verändern darf –, führt zwangsläufig zu Zyklen. Balinskis und Larakis Methode weicht all diesen Fallgruben aus. Das Condorcet-Paradox wird vermieden, weil die Zuteilung der Prädikate absolut ist und nicht von der relativen Bevorzugung der Kandidaten abhängt. Auch in Bordas Falle tappt sie nicht, da zusätzliche Kandidaten die Prädikate der Bewerber nicht verändern. Und Arrows deprimierende Schlussfolgerung wird vermieden, weil die Wähler nicht bloss die Rangfolge der Bewerber angeben, sondern – in Worte gekleidet – auch die Intensität ihrer Bevorzugung ausdrücken können.

Eine Formel fürs passende Geschenk
(Sozialwissenschaften)

Was soll ein Mann einer Frau schenken, um ihr zu beweisen, dass er es ernst meint? Ein reicher Protz wird versuchen, die Dame mit einem teuren Geschenk, etwa einem Diamantcollier zu gewinnen. Der Knauser schenkt billigen Modeschmuck. Der routinierte Lebemann wird ein extravagantes Geschenk machen – eine Orchidee, eine Einladung in ein Nobelrestaurant, oder er besorgt Logenplätze für die Oper. Bei dieser so romantisch scheinenden Frage handelt es sich eigentlich um ein trockenes Entscheidungsproblem, das mit mathematischen Mitteln angegangen werden kann.

Genau dies taten die Mathematiker Peter Sozou und Robert Seymour vom University College in London. Für ihre Untersuchung, deren Resultate im September 2005 in den *Proceedings of the Royal Society* erschienen sind, benutzten sie Methoden aus der sogenannten Spieltheorie.

In ihrem mathematischen Modell ist die Art des Geschenks ein Signal, das der Dame Information über die Qualität des Gebers übermittelt. Die Mathematiker stellten die Brautschau als Spiel dar, in dem mehrere Entscheidungssituationen aufeinander folgen. Den Reigen beginnt der Mann mit der Wahl des Geschenks. Seine

Spendierfreudigkeit hängt davon ab, wie attraktiv ihm die Frau erscheint. Diese muss dann entscheiden, ob sie die offerierte Gabe akzeptieren will, und nachher, ob sie dem Herrn ein Schäferstündchen gewähren soll. Das allerletzte Wort hat allerdings wieder der Mann. Er kann bestimmen, ob er bei der Frau bleibt oder ob er sich nach neuen Eroberungen umsehen soll.

Beide Seiten müssen Vorsicht walten lassen: Einerseits ist der Wert eines Geschenks für die Frau zunächst nicht ersichtlich. Erst nachdem sie das Geschenk akzeptiert hat, erfährt sie dessen Wert. Andererseits kann ein Diamantring leicht in Bargeld umgesetzt werden, womit die Frau den Mann vor den Kopf stossen könnte. Also versuchen beide Seiten mit den Mitteln der Spieltheorie und der Wahrscheinlichkeitsrechnung, sich auf mögliche Intentionen der Partner einzustellen. Der Mann fragt sich, ob die Frau ihn wirklich interessant findet oder ob sie nur das Geschenk will. Die Frau möchte wissen, ob der Mann es ernst meint oder nur eine kurze Affäre im Sinn hat.

Den beiden Spieltheoretikern ging es nun darum, zu ermitteln, welche Situationen sogenannte Nash-Gleichgewichte darstellen. Diese Situationen sind nach dem Nobelpreisträger John Nash benannt, der durch den Film «A Beautiful Mind» auch Nichtmathematikern bekannt wurde. Es handelt sich um optimale Zustände, weil weder Männer noch Frauen ihre Situation durch eine unilaterale Änderung ihrer Strategie verbessern können. Nash-Gleichgewichte können berechnet werden, obwohl wirkliche Teilnehmer an solchen Spielen natürlich keine Kalkulationen anstellen. Diese finden entweder über Generationen hinweg unter dem Druck der natürlichen Auslese zu den Nash-Gleichgewichten oder durch Lernprozesse, etwa wenn Jugendliche soziale Konventionen lernen. Haben die Spieler einmal eine solche Gleichgewichtssituation erreicht, besteht für keinen von ihnen eine Motivation, seine Strategie wesentlich zu ändern. Die Situation ist somit evolutionär stabil.

Sozou und Seymour identifizierten fünf Nash-Gleichgewichte. Nummer 5 besagt zum Beispiel: «Männer offerieren unattraktiven Frauen billige Geschenke und attraktiven Frauen mit gewissen Wahrscheinlichkeiten entweder teure oder extravagante Geschenke. Frauen akzeptieren jedes Geschenk, aber nur von attraktiven Männern. Falls sich das Geschenk nicht als billig herausstellt, entschliesst sie sich zur Paarung.» Die erfolgreichste Strategie für den Mann auf Brautschau ist das Angebot eines extravaganten Geschenks, das ihn zwar einen anständigen Batzen kostet, aber nicht in Bargeld umgesetzt werden kann. Der Frau wird damit signalisiert, dass sie – erstens – von einem (kauf)kräftigen Mann umworben wird, der – zweitens – durch seine Spendierfreudigkeit sein Engagement bewiesen hat. Gleichzeitig kann sich der Mann damit zynische Goldgräberinnen vom Halse halten, da das Geschenk ja keinen wirklichen Marktwert hat.

Extravagante Brautgaben stellen übrigens keine exklusive Domäne des Homo sapiens dar, sondern sind auch bei vielen andern Arten üblich. Pfauenweibchen geraten zum Beispiel angesichts eines vom Männchen mit viel Mühe geschlagenen, aber völlig nutzlosen Rades in Verzückung. An Niederträchtigkeit kaum zu übertreffen ist das Männchen der in Australien heimischen Hängefliege Bittacus apicalis. Es versucht, nach der Kopulation sein Geschenk – ein schmackhaftes Insekt – zurückzuergattern, um es einem andern Weibchen anzutragen.

Mathematik und Kunst beim Plattenlegen
(Islamische Kunst)

Dass sich fünfeckige Fliesen nicht zu einem Fussboden zusammenlegen lassen, wussten schon die alten Griechen. Bis heute benützen Plattenleger denn auch nur drei-, vier- und sechseckige Fliesen, um Böden und Wände von Küchen und Badezimmern zu bedecken. Diese Flächen sind sowohl symmetrisch – sie können um 120, 90 oder 60 Grad gedreht werden, ohne ihr Aussehen zu verändern – als auch periodisch: Sie können nach links und rechts, nach oben und unten verschoben werden und sehen trotzdem gleich aus. Keine andern regelmässigen geometrischen Formen können zu symmetrischen und periodischen Flächen zusammengelegt werden. Fussböden aus regelmässigen Fünf- oder Zehnecken gibt es nicht.

Bei den Kristallen ist es ähnlich. Sie bestehen aus Atomen, die an den Verbindungspunkten dreidimensionaler, symmetrischer Gitter sitzen. Der französische Physiker Auguste Bravais bewies Mitte des 19. Jahrhunderts, dass es genau 14 Arten von Gittern geben kann, die symmetrisch und periodisch sind. Andere Gitter sind mathematisch nicht möglich. Doch 1984 entdeckte Dan Shechtman vom Technion in Haifa eine Aluminiumlegierung, die die «verbotene» zehnfache Symmetrie aufwies. Man konnte Proben der Legierung um 36, 72, 108 usw. Grad drehen, ohne dass sie ihr Aussehen veränderten. Allerdings waren die Atome der Legierung, wie es die Mathematik verlangt, nicht periodisch angeordnet und entsprachen deshalb nicht den herkömmlichen Kristallen. Die neu entdeckte Klasse von Materialien, die fortan Quasikristalle genannt wurden, spielen in der Festkörperphysik seitdem eine überaus wichtige Rolle.

Doch nicht nur Plattenleger und Kristallografen interessieren sich für Symmetrien. Islamische Bau- und Kunstwerke gelten als besonders ästhetisch, weil ihre Muster zwar eine gewisse Regelmässigkeit aufweisen, sich aber nicht in langweiliger Weise dauernd wiederholen. Das Dekor besteht aus verschlungenen und verflochtenen Zickzacklinien, die sich oft über viele Meter mäanderartig hinziehen. Sie sind symmetrisch, ohne periodisch zu sein. Um die fünf täglichen Gebete des frommen Muslims zu symbolisieren, tritt dabei oft die mathematisch «verbotene» fünf- und zehnfaltige Symmetrie auf. Experten nahmen bisher an, dass diese Muster von den islamischen Handwerkern in mühseliger Kleinarbeit mit Zirkel und Lineal entworfen worden seien. Gleichzeitig schien dies allerdings unwahrscheinlich, denn schon kleine Ungenauigkeiten würden über grosse Flächen hinweg zu spürbaren unschönen Abweichungen vom gewünschten Muster führen. Dies ist aber nicht der Fall; selbst viele Quadratmeter grosse Muster weisen keine Verzerrungen auf.

Bei einer Reise durch Buchara in Usbekistan fiel dem Physikstudenten Peter Lu von der Universität Harvard ein islamisches Gebäude auf, dessen Mauern mit einem dekorativen Muster überzogen waren. Dieses Muster wies ein zehnfach symmetrisches Motiv auf. Zusammen mit dem Physiker Paul J. Steinhardt von der Universität Princeton, einem Experten für Quasikristalle, unterzog Peter Lu nach seiner Rückkehr zahlreiche Verzierungen von Mauern in Moscheen und Mausoleen aus dem 12. bis 15. Jahrhundert in Iran, Indien, Afghanistan, Usbekistan und der Türkei sowie persische Schriftrollen anhand von Fotografien einer eingehenden Analyse.

Bei einer persischen Schriftrolle, der sogenannten Topkapi-Rolle, wurden sie fündig. Beim genauen Hinsehen konnten sie unter den sich wie Spaghetti hinziehenden Linien die Umrisse von fünf Formen ausmachen, die die Schriftgelehrten des späten 15. Jahrhunderts als Hilfslinien eingezeichnet hatten. Da fiel es ihnen wie Schuppen von den Augen. Immer wieder identifizierten die beiden Physiker dieselben fünf Grundformen, aus denen die Muster zu bestehen schienen: ein regelmässiges Zehneck, ein regelmässiges Fünfeck, einen Rhombus und zwei unregelmässige Sechsecke. Alle Seiten dieser fünf Prototypen haben die gleiche Länge, und ihre Ecken weisen jeweils Winkel auf, die ein Mehrfaches von 36 Grad (einem Zehntel des Kreises) betragen. Die dekorativen Linien auf den fünf Fliesen treffen ihrerseits in solchen Winkeln jeweils auf die Mitte der Fliesenkanten. Damit können die Fliesen lückenlos zusammengesetzt werden, und die Linien setzen sich beim Aneinandertreffen zweier Fliesen kontinuierlich, ohne Richtungsänderung fort.

Die für sich allein betrachtet nicht sehr interessanten Grundformen können sich beliebig oft wiederholen und ergeben erst durch die grossflächige Aneinanderreihung ästhetisch ansprechende Muster. Lu und Steinhardt schlossen, dass diese fünf Prototypen von islamischen Architekten, Handwerkern und Schriftgelehrten als Schablonen bei der dekorativen Verzierung von Bauten und Schriftrollen eingesetzt wurden. Zwar ist damit noch nicht bewiesen, dass dies auch tatsächlich so geschah, aber es wird zumindest plausibel, wie die komplizierten Muster schnell, einfach und präzise hergestellt werden konnten.

Der englische Physiker Sir Roger Penrose hat in den 1970er-Jahren herausgefunden, dass die Kombination verschiedenartiger geometrischer Formen besonders schöne Muster ergibt. Während unsere einheimischen Küchen und Badezimmer meist nur eine einzige Fliesenart aufweisen, erkannte der Physiker, dass die Zusammenfügung zweier verschiedener Formen zu den seither nach ihm benannten Penrose-Mustern führt. Sie besitzen fünffache Symmetrie, sind aber nicht periodisch. Lu und Steinhardt zeigten nun, dass muslimische Gelehrte offenbar schon vor 800 Jahren die mathematischen Fähigkeiten besassen, solche Muster herzustellen.

Bibliografie

Im besten Fall bleibt die Dame unentschieden
  J. Schaeffer, Y. Björnsson, N. Burch, A. Kishimoto, M. Müller, R. Lake,
  P. Lu und S. Sutphen
  «Checkers is Solved», *Science*, 2007, Band 317, Nr. 5844, 1453–1632.
Das höchste Porto, das auf einen Brief passt
  Amitabha Tripathi
  «A Note on the Postage-Stamp Problem», *Journal of Integer Sequences*,
  2006, Band 9, Nr. 1.
Struktur einer komplizierten Gruppe berechnet
  http://aimath.org/E8/
Am Zauberwürfel drehen und drehen
  Daniel Kunkle und Gene Cooperman
  «Twenty-Six Moves Suffice for Rubik's Cube», *Proceedings of the International Symposium on Symbolic and Algebraic Computation*, 2007, (ISSAC '07),
  ACM Press.
Zahlentheoretiker lösen jahrzehntealtes Rätsel
  Kathrin Bringmann und Ken Ono
  «Mock Theta Functions», *Proceedings of the National Academy of Sciences*,
  2007, Band 104, 3725–3731.
Mathematischer Beweis einer intuitiven Idee
  Michel Talagrand
  «The Parisi Formula», *Annals of Mathematics*, 2006, Band 163, No. 1,
  221–263.
Eitler Streit unter Mathematikern
  Huai-Dong Cao und Xi-Ping Zhu
  «A Complete Proof of the Poincaré and Geometrization Conjectures –
  application of the Hamilton-Perelman theory of the Ricci flow», *Asian Journal of Mathematics*, 2006, Band 10, Nr. 2, p. 165–492.
Rechnen mit dem Talmud
  Robert J. Aumann und Michael Maschler
  «Game Theoretic Analysis of a Bankruptcy Problem from the Talmud»,
  Journal of Economic Theory, 1985, Band 36, 195–213.

Benjamin Franklin hat's erfunden

Daniel Schindel, Matthew Rempel und Peter Loly

«Enumerating the bent diagonal squares of Dr Benjamin Franklin FRS», *Proceedings of the Royal Society A: Physical, Mathematical and Engineering*, 2006, Band 462, 2271–2279.

Körper in vier Dimensionen

Jaron Lanier

«Jaron's world: Shapes in other dimensions», *Discover*, April 2007, 28.

Die Computertechnologie der alten Griechen

T. Freeth, Y. Bitsakis, X. Moussas, J. H. Seiradakis, A. Tselikas, H. Mangou, M. Zafeiropoulou, R. Hadland, D. Bate, A. Ramsey, M. Allen, A. Crawley, P. Hockley, T. Malzbender, D. Gelb, W. Ambrisco und M. G. Edmunds

«Decoding the ancient Greek astronomical calculator known as the Antikythera Mechanism», *Nature*, 2006, Band 444, 587–591.

Ein Modell der Internet-Topologie

Shai Carmi, Shlomo Havlin, Scott Kirkpatrick, Yuval Shavitt und Eran Shir

«Medusa – New Model of Internet Topology Using k-shell Decomposition, 2006, http://arxiv.org/abs/cond-mat/0601240

Die Berechnung der Bedeutung

David Austin

«How Google Finds Your Needle in the Web's Haystack», 2006, http://www.ams.org/featurecolumn/archive/pagerank.html

Rechenregeln für Computer

http://www.nmconsortium.org/

Suche nach der effizienten Einsteigmethode

E. Bachmat, D. Berend, L. Sapir, S. Skiena und N. Stolyarov

«Analysis of airplane boarding via space-time geometry and random matrix theory», *Journal of Physics A: mathematical and general*, 2006, Band 39, 453–459.

Irrationales bei Airlines und Passagieren

D. Braess

«Über ein Paradoxon aus der Verkehrsplanung», *Unternehmensforschung*, 1968, Band 12, 258–268.

Alle Wege führen nach Paris – und Anchorage

Guimerà, R., S. Mossa, A. Turtschi, and L. A. N. Amaral

«The worldwide air transportation network: Anomalous centrality, community structure, and cities' global roles», *Proceedings of the National Academy of Sciences*, 2005, Band 102, 7794–7799.

Rechtslastige Rechenschwäche

> Roi Cohen-Kadosh, Kathrin Cohen-Kadosh, Teresa Schuhmann, Amanda Kaas, Rainer Goebel, Avishai Henik und Alexander T. Sack
> «Virtual Dyscalculia Induced by Parietal-Lobe TMS Impairs Automatic Magnitude Processing», *Current Biology*, 2007, Band 17, 1.

Muster im Briefverkehr (E-Mails)

> J. G. Oliveira und A.-L. Barabási
> «Human dynamics: Darwin and Einstein correspondence patterns», *Nature*, 2005, Band 437, 1251.

Die Mathematik gibt dem Arzt den Durchblick (Medizin)

> Sigurd Angenent, Eric Pichon und Allen Tannenbaum
> «Mathematical Methods of Medical Imaging», *Bulletin of the AMS*, 2006, Band 42, 365–396.

Kooperatives Verhalten erzwingen (Sozialwissenschaften)

> Christoph Hauert, Arne Traulsen, Hannelore Brandt, Martin A. Nowak und Karl Sigmund
> «Via Freedom to Coercion: The Emergence of Costly Punishment», *Science*, 2007, Band 316, 1905–1907.

Navigation als Kunst und Wissenschaft (Kartogafie)

> Michael A. Earle
> «Sphere to Spheroid Comparisons», *Journal of Navigation*, 2006, Band 59, Nr. 3, pp 491–496.

Warum der Nachthimmel so dunkel ist (Astrophysik)

> Yuanan Diao und Andrzej Stasiak
> «An Alternative and Surprising Solution to Olbers' Paradox», *International Journal of Contemporary Mathematical Sciences*, 2007, Band 2, Nr. 9–12, 445–449.

Eine Formel fürs passende Geschenk (Sozialwissenschaften)

> Peter Sozou und Robert Seymour
> «Costly but worthless gifts facilitate courtship», *Proceedings of the Royal Society of London B*, 2005,Band 272, Nr. 1575, 1877–1884.

Mathematik und Kunst beim Plattenlegen (Islamische Kunst)

> Peter J. Lu und Paul J. Steinhardt
> «Decagonal and Quasi-crystalline Tilings in Medieval Islamic Architecture», *Science*, 2007, Band 315, 1106.

George G. Szpiro

Mathematik für Sonntagmorgen

50 Geschichten aus Mathematik und Wissenschaft. 240 Seiten.
Piper Taschenbuch

Die wenigsten von uns sind Mathegenies, und es gehört schon fast zum guten Ton, wenn man zugibt, nichts von Mathematik zu verstehen. Hier schafft George G. Szpiro Abhilfe. In leicht verständlicher Sprache erzählt er von der Mathematik und von berühmten Mathematikern, von gelösten und ungelösten Problemen, von Theorien und mathematischen Knobeleien. Eine Einladung in die spannende Welt der Zahlen.

»Szpiro schreibt über so ziemlich alles, was in den letzten Jahren in der Mathematik Schlagzeilen machte: von der Poincaréschen Vermutung bis zur Lösung des Apfelsinenpackproblems durch Thomas Hales. Natürlich kann man derartige Jahrhundertarbeiten nicht einmal annähernd auf ein paar formellosen Textseiten wiedergeben. Aber Szpiro gelingt es, die wesentlichen Ideen dahinter zu vermitteln.«
Spektrum der Wissenschaft

George G. Szpiro

Mathematik für Sonntagnachmittag

50 Geschichten aus Mathematik und Wissenschaft. 224 Seiten.
Piper Taschenbuch

Wissen Sie, wie sich Smarties im Rütteltest verhalten? Kennen Sie die Mathematikerin Ada Lovelace? Lässt sich das Ulam-Problem lösen? George G. Szpiro erzählt in seinen vergnüglichen Geschichten von berühmten Mathematikerinnen und Forschern, von Theorien und Hypothesen und zeigt, dass Mathematik nichts für verschrobene Käuze ist, sondern ein zentraler Teil unserer Kultur.

»Mathematik kann Spass machen. In diesem Buch erzählt der Journalist George G. Szpiro amüsante Geschichten über das Fach und seine Protagonisten.«
3sat

PIPER

05/2256/02/L   05/2419/01/R

George G. Szpiro

Das Poincaré-Abenteuer

*Ein mathematisches Welträtsel
wird gelöst. Aus dem Englischen
von Thomas Bertram. 352 Seiten.
Piper Taschenbuch*

George Szpiro erzählt den weltweiten Wettlauf um den Beweis
der Poincaré-Vermutung als
aufregenden Krimi. 1904 er-
dachte Henri Poincaré die Formel, die die Geometrie des Uni-
versums beschreiben sollte –
hundert Jahre lang konnten die
Giganten der Mathematik sie
nicht beweisen. Bis Grigori Perelman, ein geheimnisvolles
Genie aus Russland, die Lösung
einfach ins Internet stellte ...

»Szpiro macht aus dem Irrgar-
ten der abstrakten Mathematik
eine glänzende, wunderbar ro-
mantische Odyssee, die im antiken Alexandria beginnt und bis
ins Sankt Petersburg des
21. Jahrhunderts führt.«
Sylvia Nasar,
Autorin von »A Beautiful Mind«

Jay Ingram

Das Gedächtnis der Kellnerin

*Kuriose Geschichten aus der
Wissenschaft. Aus dem Englischen
von Jürgen Neubauer. 288 Seiten.
Piper Taschenbuch*

Wie schaffen es Kellnerinnen,
hunderte von Getränken den
richtigen Personen zu servie-
ren? Weshalb kann es gut sein,
Parasiten zu haben? Und was
passiert mit uns, wenn wir la-
chen müssen? Diesen und vielen weiteren kuriosen Fragen
geht der Erfolgsautor Jay Ingram mit Witz und Sachver-
stand auf die Spur und präsentiert verrückte Forschungen
und Entdeckungen, die wis-
senswert, lehrreich und span-
nend sind.

»Ingram erzählt mit lakoni-
schem Witz und viel Liebe fürs
Detail. So werden die Forscher
richtig sympathisch.«
Die Zeit

PIPER

Alan Weisman

Die Welt ohne uns

Reise über eine unbevölkerte Erde.
Aus dem Amerikanischen von
Hainer Kober. 384 Seiten.
Piper Taschenbuch

Was wäre, wenn wir Menschen von einem Tag auf den anderen verschwinden würden? Zum Beispiel morgen. Ein ungeheures Gedankenexperiment! Alan Weisman entwirft in seinem Bestseller das Szenario einer unbevölkerten Erde – gestützt auf das Wissen von Biologen, Geologen, Physikern, Architekten und Ingenieuren und mit atemberaubender Fantasie. Schritt für Schritt vollzieht er nach, wie die Natur unseren Planeten zurückerobert, und führt dem Leser dabei zweierlei vor Augen: was der Mensch in Jahrtausenden zu schaffen vermochte und über welch unerhörte Macht die Natur verfügt.

»Alan Weisman wagt ein kühnes Experiment.«
Der Spiegel

Felix R. Paturi

Die letzten Rätsel der Wissenschaft

368 Seiten mit 8 Abbildungen.
Piper Taschenbuch

Ist das Weltall endlich? Gab es die Sintflut wirklich? Und was hat es mit den geheimnisvollen Erdzeichen im peruanischen Hochland auf sich? Der Fortschritt in den Wissenschaften ist unaufhaltsam – und doch sind bis heute zahlreiche Fragen unbeantwortet geblieben. Unterhaltsam, leicht verständlich und sehr kompetent vermittelt Felix R. Paturi einen atemberaubenden Einblick in die letzten Mysterien der Wissenschaft und zeigt uns die Welt aus überraschenden Blickwinkeln.

»Paturi schreibt präzise, anschaulich und elegant – und er argumentiert mit einer Logik, die unbestechlich ist. Ein brillantes Buch.«
Ostthüringer Zeitung

PIPER

Wenn Sudokus langweilen: Slitherlinken, scharadieren, knobeln Sie!